重大基础设施建设

设计管理

刘武君 / 著

中国建筑工业出版社

图书在版编目（CIP）数据

重大基础设施建设设计管理/刘武君著. —北京：
中国建筑工业出版社，2020.9
ISBN 978-7-112-25400-2

Ⅰ.①重… Ⅱ.①刘… Ⅲ.①基础设施建设—建筑设
计—管理 Ⅳ.①TU99

中国版本图书馆CIP数据核字（2020）第164943号

策　　划：中国建筑工业出版社华东分社
　　　　　（Email：cabp_shanghai@qq.com）
责任编辑：胡　毅　张伯熙　滕云飞
责任校对：刘梦然

重大基础设施建设设计管理

刘武君/著

*
中国建筑工业出版社出版、发行（北京海淀三里河路9号）
各地新华书店、建筑书店经销
南京月叶图文制作有限公司制版
上海安枫印务有限公司印刷
*
开本：787×1092毫米　1/16　印张：15　字数：294千字
2020年10月第一版　2020年10月第一次印刷
定价：98.00元
ISBN 978-7-112-25400-2
　　（36387）

内容提要

　　近些年来，我国在机场、铁路、轨道交通等重大基础设施建设项目方面的规划和投资越来越大，重大基础设施建设项目所具有的复杂度高、综合性强、投资巨大、周期较长等特点，使得这类建设项目的设计管理问题越来越突出。

　　本书所讲的"设计管理"是指业主或业主代表对项目前期全部生产过程所实施的全面管理，包含项目立项后，从可行性研究、方案设计、初步设计、设备采购，到施工图设计完成，包含工程施工、设备采购招标前的全部工作，以及项目的验收、总结和后评估工作。本书作者长期参与机场、轨道交通等重大基础设施的投建营工作，积累了丰富的经验，在本书中，他以浦东国际机场一期工程、上海轨道交通工程、上海磁浮交通示范运营线工程、浦东国际机场二期扩建工程、虹桥国际机场扩建工程和虹桥综合交通枢纽工程等重大基础设施案例为基础，从业主的角度对"设计管理"进行了梳理和解读，既有理论和方法，也有案例和实践，见解独到，富有启发性。

　　全书内容分为"设计管理概论"和"设计管理手法"两大部分。设计管理概论部分，首先分析了设计管理的概念，然后比较全面地讨论了设计管理的参与者、设计管理的模式、设计单位的选定、设计取费的管理、设计合同的管理、设计审查制度、设计管理的组织结构、项目经理制度等设计管理制度。设计管理手法部分，主要结合实践案例，进行分析提炼，针对设计管理过程创造性地提出九大设计管理手法：边界管理法、风险管理法、生命成本法、功能价值法、目标价值法、标准监控法、系统思维法、科技放大法、综合激励法。

　　本书案例丰富，图文并茂，既有专业视角，又具有较强的可读性，对从事重大基础设施建设的设计、施工、管理人员启发思路、改进管理非常有帮助，对其他行业从事项目策划和管理的人员，也是一本不错的思考读物。

修订版前言

　　笔者所著的《重大基础设施建设设计管理》、《重大基础设施建设项目策划》于 2009 年、2010 年先后出版，开启了国内"业主对项目前期管理的研究"，奠定了从业主角度研究大型基础设施项目建设的初步理论基础。转眼间，十年过去了，国内有关业主角度的"项目策划"、"设计管理"的论文、报告快速增加，许多成果引人瞩目。经过大家的努力，我们欣喜地看到"项目策划"、"设计管理"的理念和两书中建立起来的初步理论体系，已经得到业界和学界的广泛认可。在朋友圈里，大家已经把这两本书称作大型基础设施建设中"项目管理者的指导手册"、"业主宝典"、"THE OWNER'S BIBLE"等。

　　《重大基础设施建设设计管理》和《重大基础设施建设项目策划》出版以来，在读者群中获得广泛好评，我也听到了朋友们不少的批评与建议，有些读者还与我建立了微信联系，沟通频繁，大家也提供了许多新的案例，也对一些案例进行了深入的探讨。这两年两书基本售罄，找我索书的朋友越来越多。去年底，中国建筑工业出版社的胡毅编辑专程来我办公室，详细介绍了读者需求和编辑们的想法，以及两书的销售情况。网上两书的二手书均已卖到 500 元左右，读者的抬爱让我非常感动，遂同意对《重大基础设施建设设计管理》和《重大基础设施建设项目策划》两书做修订、出版第二版。

　　《重大基础设施建设设计管理》和《重大基础设施建设项目策划》出版以来，促进了业界和学术界对项目策划和设计管理认识的不断提升，大家对其重视程度越来越高，"大型建设项目实施前必须做项目策划"，以及"项目设计过程中必须进行有效的设计管理"，已经成为大家的共识。特别是最近几年，国家注册建筑师轮训、注册咨询工程师轮训、注册规划师轮训，以及社会上的各种建设管理培训都将"项目策划"、"设计管理"纳入培训课程，这也大大促进了《重大基础设施建设设计管理》和《重大基础设施建设项目策划》两书的销售和理念的传播。

　　过去十年中，我以"重大基础设施建设项目策划"和"重大基础设施建设设计管理"为题，在清华大学、同济大学、中国民航管理干部学院、湖北工业大学、中国投资协会、国家发改委和国资委的培训班，城市规划学会、交通协会、综合交通枢纽学会、城市轨道交通协会等，以及多家规划设计研究院、几所党校进行了很多次讲授，这也在一定程度上促成了学界、业界对项目策划认识的统一和提高。特别是项目策划授课使相关行业的许多领导干部对项目策划工作有了基本的认识，使我们的领导们有了"项目启动前应该做个策划"的想法。同时，项目策划工作也大大提高了项目建设的系统性和科学性，吸引了更为广泛的关注，从而也带来了对《重大基础设施建设设计管理》和《重大基础设施建设项目策划》两书需求的提升。

　　虹桥综合交通枢纽正常运营后，我又主持了浦东国际机场三期（卫星厅）工程的项目策划和设计管理工作。除此之外，在过去的这十年中，我还主持了珠海横琴口岸及综合交通枢纽的项目策划与概念设计、港珠澳大桥珠海口岸岛及综合交通枢纽项目策划与概念设计、郑州机场新航站楼与综合交通枢纽项目策划与设计管理、铜陵市有轨电车项目策划与有轨电车网络规划、北京新机场综合交通枢纽项目策划、北京新机场及其周边地区开发机制策划、新疆乌吐机场一体化建设运营项目策划与专项规划、揭阳潮汕机场综合交通枢纽项目策划、西安机场综合交通枢纽地区一体化开发策划、乌鲁木齐机场扩建工程融资策划、海口市海铁综合交通枢纽项目策划、南通新机场空铁枢纽空间布局策划、南宁机场货运物流园区投建营一体化项目策划、海口美兰机场港产城一体化开发策划、重庆机场集团多元化融资与推进路径策划等等，约20个基础设施项目的策划和部分设计管理工作，使我们进一步积累了许多经验教训，我们很愿意将它们贡献出来与大家分享。

　　尽管如此，总的来说"项目策划"和"设计管理"都仍然处在学科形成的初期，还没有形成系统、完整的科学体系，大家都在理论上和实践中积极探索。因此，这次修订未对章节结构做系统性改变，两书仍以案例研究为主，并进一步增加了新的案例和图片，尽量做到通俗易懂，方便大家阅读和讨论。真诚希望第二版的《重大基础设施建设项目策划》和《重大基础设施建设设计管理》依然能够得到大家的关注和批评指正。

　　感谢在修订过程中给予诸多帮助的中国建筑工业出版社、中国民航机场建设集团有限公司、美国 SPS 航空规划咨询公司（Strategic Planning Services Inc.）、上海觐翔交通工程咨询有限公司、同济大学工程管理研究所的各位领导、同事、教授们，以及陈建国、周红波、贺胜中、郭伟、李倩林、黄翔、李胜、万钧、唐炜、顾承东、陈立、李起龙等各位朋友。

　　谢谢各位读者的抬爱！

　　谢谢大家！

刘武君

2020 年春节，于上海

第一版前言

2000 年以来,应各单位的邀请,笔者先后在国家有关部委和协会的各种培训班、上海市的许多设计单位以及清华大学、同济大学等高校以"设计管理"为题举办了近 20 场讲座。这期间,吴良镛院士、林知炎教授都建议我把所讲的内容整理成书。但我两次着手都深感这些内容还很不完善,从而中止了写作。2007 年,我又一次以"重大基础设施建设中的设计管理"为题在同济大学经济与管理学院讲了 5 次课,在顾承东博士、黄翔博士、谭晓洪硕士的帮助下,终于整理出了一个讲义稿。这个讲义稿就是本书的初稿,也是由于这个原因,本书中的文字流露出比较多的口语化倾向。

设计管理是建设工程项目管理的一个重要组成部分。随着我国社会主义市场经济的不断发展和成熟,设计领域的一系列问题越来越突出地表现出来,需要我们设计管理者做许多开创性的工作。在计划经济时代,设计单位是代表国家工作,并对项目进行前期管理,用现在的词来说他们就是"业主代表"。但是随着我国改革开放的进程,设计单位已基本变成一个个独立的市场主体(法人),这样一来,业主(项目法人)对项目前期工作的管理就缺位了。因此,我常常说是"市场需要设计管理,市场需要设计管理者"。但是,我国近 30 年的改革,却很少改变这种情况,以至这一领域长期处于相对无序的状态。

所幸,近 10 多年以来,有一批重大建设项目的管理人员和学者开始在设计管理领域进行卓有成效的探索和研究。特别是在一些重大基础设施的建设中,许多业主都成立了专门的规划设计管理部门,并且有许多优秀的技术人员参与到业主的管理队伍中来从事设计管理工作。于是一个新的学术领域——业主角度的"设计管理学"应运而生,并正在快速发展之中。我自1996 年初回国后,一直作为业主代表参与设计管理工作,在浦东国际机场一期、二期工程,上海磁浮交通示范运营线工程,上海轨道交通 3 号线北延伸工程、7 号线工程等工作中,积累了一些体会和想法。本书就是把这些体会和想法收编、提炼的成果。因此，本书的所有论述都是基于"业主角度"的设计管理。

到目前为止设计管理还没有形成一个公认的理论体系，因此本书以讲案例为主，希望能够通过对案例的分析和讨论促进设计管理理论体系的形成和完善，并对我们的设计管理实践有所帮助。

全书分为两大部分。第一部分为前两章，主要讲一些对"设计管理"概念的认识和对"设计管理制度"的认识。虽然这些概念和认识还不是公认的，大家对此还没有形成共识，但是这些概念是设计管理工作的基础，更是设计管理理论所必须面对的课题，是本书的基本词汇。因此，我们还是不得不先给它们一个暂时的定义，这些定义对后面要讲的设计管理手法很重要。第二部分就是"设计管理手法"，用第3~11章的篇幅，结合大量的案例讲述了设计管理的9种基本手法。

本书可以说是一本从业主角度讲解设计管理的案例集，严格意义上说它不是一本设计管理的专著，也不是教科书。它的内容不尽系统和完整，主要是个人工作实践的一些体会和感悟，最多只能算是一本设计管理教学的参考书。之所以在这样非常不成熟的情况下还决定抛出来供大家批判，真的是为了"抛砖引玉"，为了方便大家在这个新兴的学术领域进行研究、实践和讨论。真诚地希望本书的出版能够引发更多学者和管理人员、技术人员在这一领域开展工作，以促成"设计管理学"的发展和成熟。

最后，要感谢为本书的成稿和出版做出了巨大贡献的顾承东博士、黄翔博士、谭晓洪硕士、左卫华硕士；感谢上海机场建设指挥部、上海申通地铁集团有限公司、上海磁浮交通发展有限公司的各位同事；感谢对本书的形成和修改提出了许多指导和建议的吴良镛院士、林知炎教授、左川教授、汪天翔先生、陈建国教授、贾广社教授、李文沛先生等，以及同济大学经济与管理学院的各位老师、同学。感谢上海科学技术出版社的各位编辑。没有他们的支持、帮助和鼓励，本书是不可能面世的。

刘武君

2008年1月8日

目　录

下 篇　设计管理手法 / 55

第3章　边界管理法 / 57

上 篇

设计管理概论

第 1 章

设计管理的概念

大型基础设施的建设大致可以分为决策阶段、建设阶段和运营阶段。决策阶段又称投资前期，主要包括规划、选址、市场调研、项目的工程可行性研究等工作。建设阶段包括工程前期和工程实施两块工作，工程前期主要是方案设计、初步设计、施工图设计、设备采购、施工招标等工作；工程实施主要是建设施工、厂商供货、安装调试等工作。运营阶段主要包括设施运营、改造更新、评估总结等工作。

大型基础设施建设的管理工作，目前有许多相关部门和机构都在不同的时间点、从不同的角度参与其中。比如发改委、经委主要从宏观经济、微观经济的角度出发，对项目的可行性、投资的规模、设施的标准等进行管理；规划局主要从区域规划、城市规划的角度出发，对项目的选址、工程方案、设施的形态等进行管理；建委主要从国家和地方法规的角度出发，对建设单位的资质、招投标程序、工程实施的质量等进行管理；其他如土地、环保、消防、交通、园林绿化等政府主管部门均大体如此；但他们有一个共同点，就是只对项目的某一方面、某一阶段进行管理。而恰恰这一点是业主与这些管理部门不一样的地方，从现在来看，对大型基础设施项目的全建设过程、全生命周期进行全面管理的，只有业主（项目法人）。因此，从这个意义上讲，业主角度的大型基础设施项目的设计管理是唯一的全过程、全方位的管理。

再讲"设计管理"，虽然从不同的角度经常被谈及，但是在实践中、学术上还没有一个完整的定义，更谈不上系统的理论。目前可以查到的一些资料主要是关于设计院本身的设计管理和少量相关的研究，但是从业主角度出发的设计管理研究极少。特别是改革开放以来，在我国社会主义市场经济体制下，所有参与设计管理工作的行为主体在市场中的定位都发生了很大的变化，针对新的市场环境和新的行为主体的设计管理的研究更是少之又少。在学术方面能够看到的关于设计管理的研究、论文也比较少，国外文献中能查到的相关资料也不多。因此可以认为在这方面还没有完全形成一个学科领域。

设计管理的一些基本概念，可以从不同的角度去理解。每个人的理解跟其自身的经历有直接关系。比如我本人，由于工作的关系，回国后20多年，主要是从业主角度，即作为一个业主，或者业主代表，来做设计管理的工作。所以，本书是从业主角度来谈重大基础设施建设的设计管理的。角度不同，理解可能会有很大的差异；对象不同，结论也可能大相径庭。接下来我们先把这些基本概念的定义做一些说明。

1.1 设计管理的定义

在前面讲的这些情况下，对业主角度的设计管理可以下一个定义。这个定义有三句话：

（1）设计管理是指业主或业主代表对项目前期全部生产过程所实施的全面管理。

（2）设计管理包含项目立项后，从可行性研究、方案设计、初步设计、设备采购，到施工图设计完成，包含工程施工、设备采购招标前的全部工作，以及项目的验收、总结和后评估工作。

（3）设计管理是一种过程筹划和监控，管理者既是筹划人又是监督员，管理者必须在确保质量的前提之下，把整个项目严格地控制在设定的投资和进度之内。

第一句话可以算是一个定义，下面两句是对定义的解释。

第二句话是说，我们把一项工程在现场实施之前的所有管理工作，都定义成设计管理的对象。因此设计管理这个词不一定是最合适的，也有人说叫前期管理更好。但大家好像已经习惯了叫设计管理，那我们就暂时先叫"设计管理"吧。这个含义中是不包括动拆迁等其他非技术关联的前期工作的，还是比较偏重技术管理这一层面，因此也可以认为设计管理是一种技术管理。

第三句话实际上是对设计管理的目标做一个说明，即设计管理就是为了保障既定投资和进度的达成。

读者在读完本书的内容之后，不妨再回头研究一下这个设计管理的定义是否合适。

1.2 为什么需要专业的设计管理

有人会问，为什么一项工程需要专业的设计管理？首先应该承认，一般的工程项目，比如盖一栋住宅楼或者办公楼，有没有专业的、业主角度的设计管理人员可能差别不是很大。因为这种项目比较成熟，交给设计院的时候，业主只要把一些想法提交清楚，设计人员基本上都能理解其需求，因为很多共性的东西是一样的。而且这种需求，业主自己也是比较容易讲清楚的，因为它与每一个人的生活、工作直接相关。但是城市重大基础设施就不一样了，由于其规模大、系统复杂，业主常常无法很清楚地知道以后的运营需求，有时甚至在建设期间是政府出面的，也就是说没有业主。另一方面，我国建设市场的发展很快，专业化程度也有了很大的提高，有资料显示，中国建筑行业的市场化率已经达到 80%，这一数字已经超过了日本。在这种背景下，专业化的设计管理已经开始迅速发展起来了。具体而言，就是下述四个方面的理由要求重大基础设施建设项目需要有专业化的设计管理。

1）项目越来越大、越来越复杂，涉及的专业越来越多，对管理本身的要求越来越高

如果不掌握或未在一定程度上掌握项目所涉及的技术，很难把管理工作做好。比如如果对机场一点都不了解而去做机场的设计管理或者项目管理，那很难想象能把它做好。像浦东国际机场 期工程，能够分得开的子项目有 126 个；而虹桥综合交通枢纽就更加复杂，业主有十几个，主要的业主就有 7 个，机场、铁路、轨道交通、高速公路、磁浮交通、公交等不同的交通系统有不同的专业要求。由于项目的复杂性越来越高，因而与之相应的管理技术越来越专业，逐渐地就演变成为一个新的专业领域。也就是说，一个设计管理人员无法管得了所有项目，甚至也不太可能对一个项目从头到尾都管得了。就如我们，虽然已经从事了很长时间的像机场这样的大型基础设施项目的设计管理，但是我们只能认为自己是一个机场的设计管理人员，而不能说自己还可以管理石油化工等工程项目，甚至也不一定能说我们可以管理机场所有子项目的设计工作。这就是说设计管理与其所管理项目的核心技术密切相关，且设计管理本身也已经非常专业化了。

2）政府项目、公益项目需要有专业的管理部门来做设计管理

市场经济的发展要求"大市场、小政府"，所以很多政府的公益项目，比如一个针对残疾人的福利院，或者高速公路、地铁这一类项目，实际上政府已经不可能去筹建一个班子负责设计管理。现在的政府也没有这个编制，如果真筹集了这些人，那么按照现行的公务员制度，项目完成后这些人的安置也没法解决。因此这就需要一个专业的管理部门来做设计管理。实际上就是说，业主如果不能履行其职责，就需要找一个业主代表，或者"代业主"来代为履行其职责。

3）社会专业化分工发展使资产所有者（投资者）与运营管理者（使用者）分离，因此需要专业化的设计管理团队介入来协助资产所有者（投资者）做好项目建设的前期工作

社会分工的发展，使投资本身已成为一个专业，资产所有者、投资公司往往本身既不做运营也不做管理。比如浦东国际机场的宾馆项目，其资产所有者（投资者）和运营管理者（使用者）一般都是分开的，绝大多数都是投资归投资，运营管理归运营管理，合在一起的情况很少。像希尔顿、华美达，包括上海的很多酒店，我们所看到的这些酒店名称都是管理者的品牌，不是资产所有者的。比如浦东国际机场的华美达酒店，在北美是很有名的，但是酒店那栋

楼是上海机场集团的资产，即那座宾馆的资产不是华美达的。正因为职业投资、金融性的投资越来越多，所以需要有人去帮助投资者做项目前期的设计管理工作。实际上这些投资者往往不知道自己的需求，如不知道这座宾馆应该盖多大规模、什么星级，如果这些需求在项目建设前未做好充分的沟通和确认，那怎么可能保证投资成功呢？此时，一个专业的设计管理团队就显得非常重要。此外，还有大量政府投资的项目，其产权所有者跟管理者是分离的，这与上述投资项目的情况类似。对于这些项目，各级国资委都只管资产、不管运营，所以这个时候就需要专业化力量的介入，在项目建设前期就要明确使用和建设的需求。

4）基础设施的技术共性与社会分工的全球化将催生出高水平、专业化的设计管理团队

基础设施项目肯定要选址在某个地域，随后需要结合选址地域进行规划设计和建设，这就需要有一个设计管理团队。像上海有两个机场，而且两场都比较大，有长期建设和发展的需求，因此上海机场发展了一支设计管理的队伍。但是在其他城市，机场一次性建成后，也许几十年内也用不着大的发展或扩建，专门养一支队伍就有问题了，因此这些城市应该去把全国的、甚至全世界的技术力量找来做，而没有必要自己去培养一支队伍。其实同类基础设施在技术上是有很大共性的，如机场，虽然全世界机场很多，但其技术上还是以共性为主的，全世界机场的设计技术标准也基本上是相同的，因此没有必要、也不可能每个机场都自己专门去搞一套技术标准。比如机场规划咨询，全世界做得好的也就两三家，如果自己再搞一家服务自己的机场建设，那一定是做不成也做不好的。

当然一旦有了这个设计管理的队伍，服务也就不仅仅局限于某个区域了。像上海机场已经锻炼出一批机场建设管理队伍，请他们去做设计管理，甚至是项目管理的机场和公司很多，特别是中东、东南亚，甚至也有发达国家的小机场，这是因为他们觉得上海机场做得挺好。当然如果要建设的机场项目难度不是非常大，也用不着去找世界上一流的设计管理单位来做。我们还有一个很大的竞争优势，就是我们的成本比较低，而且我们比较了解起步发展阶段的需求。所以这些机场就提出请我们帮助他们去做这个管理，这里提到的管理实际上是一种项目管理的总包，但主要还是设计管理，因为他们作为业主不明确所要建设机场的真正需求。如果仅仅是施工管理，那么很多地方都是有能力做的。

这就是在全球范围内的一种社会分工。由于有这种分工，反过来又使得那些专业设计管理公司有机会做许多个机场的设计管理，使其在专业水平上有更大的提高。这样，一个高水平、专业化的设计管理团队就会应运而生。

1.3 设计管理的内容

前面的定义是对设计管理内容的一个大范围的界定，展开来说设计管理的内容实际上是一个项目的生命过程中最前端的部分，包含业主、业主代表的工作，也包含对工程咨询、设计公司的活动进行的管理（表1-1）。

表 1-1　设计管理的内容

	投资前期	工程前期		实施阶段	运营期
业主、业主代表的工作	1. 项目规划 2. 项目选址 3. 立项	1. 投资审定 2. 方案确认 3. 组织审图	1. 项目采购 2. 招标	1. 实施监理 2. 验收、投产 3. 变更管理	总结/评估
工程咨询、设计、科研单位的工作	1. 规划研究 2. 投资机会研究 3. 预可行性研究、评估 4. 可行性研究、评估	1. 方案设计 2. 初步设计 3. 施工图设计 4. 审图	1. 科研 2. 编制招标文件 3. 评标 4. 合同谈判	1. 供货监理 2. 施工监理、施工管理 3. 生产准备 4. 竣工验收准备 5. 设计变更	后评估
承包商、供货商的工作	—	1. 被询价 2. 实施策划	投标	1. 施工、供货 2. 安装调试 3. 竣工、培训 4. 运行保障	售后服务

一个项目的设计管理工作包括4个阶段：投资前期、工程前期、实施阶段和运营期。一般来说，实施阶段和运营期间设计管理的工作量较小，主要是监督、控制和对设计变更的管理工作，以及总结、评估工作。因此设计管理的工作量主要发生在前面的投资前期和工程前期两个阶段。虽然这两个阶段的所有工作都是设计管理的内容，但是过去大家比较侧重于预可行性研究（项目建议书）、工程可行性研究和图纸设计，认为投资前期就是立项和可行性研究（简称：可研），工程前期就是方案设计、初步设计、施工图设计、审图（表1中的绿色部分）。在现行的设计体制中，设计单位做的工作主要就是这一块，因此认为设计管理是设计院的工作是错误的，设计院所做的工作只是设计管理对象的一部分。

事实上，项目正式进入现场实施阶段前还有其他许多内容，从表1-1中可以看出，按照前面讲的设计管理的定义，投资前期、工程前期、实施阶段和运营期的所有工作都应该包括在设计管理的内容中。为什么要包括这些呢？因为设计管理如果仅仅只管图纸上的一些东西，或者文本上的东西，那设计管理工作是做不好的。

因此我们在这里想用"设计管理"这个概念把应该管的东西都纳入，包含一个项目的规划、选址、立项，也包括对投融资的研究、策划以及项目招标、采购的研究，当然也包含对项目运营需求的调研和确认等。后面我们将主要通过案例来说明这一点。如果不全面考虑这些，只是表面上去做前期工作，往往就会把可行性研究做成可批性研究。现实中我们的设计单位做的可行性研究报告经常会是一本可批性报告，是为了项目能获得批准。你见过几本可行性研究报告的结论是"该项目不可行"？当然这个可批性也很重要，如果不批项目就不合法嘛。但是，前期该做的很多工作就会因为做这个可批性报告被忽视了，或者根本就没做，这是不对的。比如我们做虹桥综合交通枢纽的设计管理时，实际上在没有做可研、没有立项之前做了很多的项目策划，就是这里讲的这些前期研究工作，这一块工作是非常重要的。如果没有这些工作，直接去做一个可研，那这个可研的真实可行性是存疑的，特别是在整个项目生命周期里面可能会欠考虑，可能会出现偏差。所以往往大家把这个可研做完以后，就不管了，就是因为它是可批性的，后面所做的工作跟这个可批性的可研报告没什么太大的关系。

对于投资前期和工程前期的这些内容，国内的设计单位是不会关心的，对设计单位来说，项目的投资优化、方案本身的优化在可行性研究阶段已经完成。改革开放以后，设计单位都变成了市场实体，都有自己的利益，每个设计院都必须完成自己的定额，完成自己的产值，否则就没有奖金，甚至工资都有危险。所以，在这种情况下，尤其需要设计管理，因为设计单位是不可能替业主做这些前期工作的。如果设计单位去优化那个方案，反倒会影响它自己的经济效益，因为现行的设计收费制度中设计费与工程投资简单折算，投资越大设计收费就越多，这样的体制根本不鼓励设计单位去做细致的优化、深化工作。所以，要做好这件事情，需要设计管理者起到监督的作用，设计管理者要参与设计全过程，同时还必须要对设计工作进行监督。

设计管理在工程前期阶段的工作还有很大一块，就是采购。采购主要是指工程采购和一些设备、系统的采购，比如机场有机电系统、弱电系统的采购等。过去在基础设施的投资中，装备技术水平还比较低，这一块占的份量很小，但现在已经占很大的比例，而且越来越大。比如轨道交通和大型机场项目都是这样，工程中的机电设备、弱电系统占的比例非常大，会达到甚至超过总投资的一半。我们过去往往忽视这一块，只是把土建设计做完就以为万事大吉了，然后把那些系统、设备都放在工程实施中去做，这就会带来很大的问题。比如如果电梯没有采购好，土建设计本身就是不确定的，但要去买一个什么样的电梯又跟设计直接相关。电梯系统尚且会身陷这种两难的境地，更不要说那些跟机场运行直接相关的复杂的信息系统了。又如机场里面的行李处理系统是一个机电系统，这个系统如果不定，土建方案就不可能确定，而且这个系统的费用很高，比如某大型机场的行李处理系统投资就达 2.5 亿美元，同时行李处理系统对整个机场、整个设计方案的影响非常大，所以对于系统、设备这块，我们应该把一些工程的采购也纳入设计管理中来。工程的采购、设备的采购、系统的采购等都与前期的投资优化、设计方案优化和以后的运营直接相关，这些都应是设计管理应该特别注意的核心工作内容。

上述工作完成以后，设计管理主要的工作就完成了，工程可以进入现场实施阶段，即施工管理（Construction Management，CM）阶段。这个阶段设计管理的工作量取决于工程前期设计工作的深度和可靠度。如果工程前期设计工作做到位了，工程全部采用施工图招标，那么设计管理的工作量就能够得到有效的控制。采用施工图招标最好的工程实施模式就是招一家有工程总包管理能力的施工单位做总包。国内这种施工单位已经有许多，而且施工总包管理能力已经是世界先进水平。这个阶段设计管理的工作主要是对工程实施过程进行监督和控制，管理业主、最终用户、施工单位的设计变更。所以说在工程实施阶段，设计管理者是越轻松越好。

最后一块设计管理的工作内容是工程的验收、总结和后评估工作。这是一项非常重要但往往被人们忽视的工作。这项工作做好了非常有利于我们吸取经验教训，站在前人的肩膀上把工作做得一个比一个好。这项工作也可以使我们摆脱"狗熊掰棒子"式的工作循环，使我们把自己的成果全部收获到家。

1.4　设计管理的意义

讲解设计管理的意义前，先给大家介绍一下"二八定律"，国外叫帕累托定律。很多企业 80% 的利润，来自 20% 的产品；80% 的成绩来自 20% 的努力。机场也是这样，80% 的利润来自很少量的一部分客人。航空公司则 80% 的利润来自商务舱和头等舱，经济舱有 80% 的客人但是只有 20% 的利润。

生活中也有很多这样的例子。学习也是这样的，一门课程学了 80% 的课时，可能只拿到 20% 的收获，最后那 20% 的努力你没做好，那剩余 80% 的收获就得不到。浦东国际机场一期工程做总结的时候，我们说总结就是那 20% 的努力，就是最后那 20% 的努力把我们所要拿到的成果全部收获，做了这个总结我们就能得到很多的东西，使我们在以后的工作中都有很大的收益。然而，往往大家都没注意这个，把那 80% 的工作做完之后就结束了；剩下 20% 的工作没做，结果第二次做同样工作的时候还会犯同样的错误，或者是过去的优点会在今天的工作中忘记了。

把这个"二八定律"用到设计管理上，就有两个重要论点：

(1) 可行性研究阶段，会把整个项目生命周期中 80% 的成本确定下来。

(2) 初步设计阶段，会把实际工程中 80% 的投资确定下来。

这就是设计管理中的"二八定律"。什么意思呢？就是说一份可行性研究报告做完后，其重点可能就在研究投资本身。比如浦东国际机场二期扩建工程的可行性研究报告，通篇都在讲二期扩建工程是怎么回事，最终的结论是要投资多少，当然后面会有几张纸讲投资回收需要多少年，其实那个东西根本没人去看，大量的内容都是在讲工程建设本身。但是恰恰非常有意思的是，这一阶段的研究工作把整个项目生命周期中 80% 的成本都确定下来了。初步设计阶段，就把实际工程中 80% 的投资确定下来了。注意只是确定下来了，但是还没有实现，这 80% 还是理论上的，是虚拟的，必须通过施工管理来实现，要靠工程实施部门、设备采购部门在各个环节来落实。也就是说，没有设计管理的基础，施工管理很难做好；有了好的设计管理基础，也必须要靠施工管理来实现。

因此，当工程可行性研究和初步设计完成时，一个项目从开始到生命完成过程中一共要投入多少成本，实际上已经不大可能再有多大改变了，或者说改变的余地很小了。以后在使用期间不断地维护，不断地革新、调整，那也只能是很小的一块，只有 20% 的成本是留给后阶段决定的。浦东国际机场二期扩建工程的设计管理就定有一个规矩，就是初步设计审批以后原则上不再修改了。如果要修改初步设计，必须要分管副总指挥来批准。这就是说在初步设计阶段实际上已经确定了工程总投资，也就是说能不能控制投资在这一阶段就已经基本确定下来了。

如果这样，实际上在工程开工之前，这个工程要花多少钱，基本上是定了的。所以我们常说浦东国际机场设备采购省了多少钱，不是设备采购"省"的，而是设备采购"实现"了这个省钱的目标，这个钱是在设计阶段省下来的。施工管理也是这样，设计定下来的投资（省下来的钱）是通过工程招投标和现场实施过程来实现的。因此，从这个意义上说设计管理与施工管理是不可分割的。

为什么会这样呢？因为初步设计阶段把工程投资中很重要的几个问题确定了。第一，初步设计阶段确定了标准；第二，初步设计阶段确定了具体的规模。标准、规模在这个时候定了，实际上就确定了全部工程的投资。如果我们要把工程可行性研究阶段规定的 100 亿元投资压缩到 90 亿元，在初步设计阶段没达到，后面就很难达到。一般而言，要压缩投资都是在标准和规模上进行调整，虽然还有一些细节设计，在施工图设计中还可以做很多的工作，对投资进行调整，但是 80% 的投资在初步设计阶段就已经定下来了。

那么还剩下 20% 没定的部分怎么办呢？实际上按照现行的招投标体制，在招标完成以后，在中标的那一瞬间剩下的 20% 的决定权就被进行了一次转移。就是说通过市场的竞争，中标商获得了这 20% 的决定权，同时也把获得这 20% 决定权后可能产生利润的一部分转让给了招标人。众投标商中向招标人转让得多的就可能中标，转让得少的可能就没中标，就是这么一个道理。如果投标商没转让出这一部分也中标了，那么说明投标商明白他自己在技术上或者其他某一点上比其他投标人有特殊的优势。什么意思呢？就是说他明显地比其他投标商有竞争力，这个钱他该挣。在现实的某些项目中有很多业主会想到要自己去拿回这 20% 的决定权，自己去组织施工，自己组织采购材料，看起来是把这 20% 拿回来了。但事实上，要考虑自己有没有这个能力，绝大多数情况下业主是没有这个能力的。所以，按指挥部这种工作体系，我们认为业主就不要去争这 20% 的决定权了，这就是施工单位争取利润的舞台。但是在中标的那一瞬间，为了能够中标，他会分配一部分给业主的。因此，我一贯认为业主对工程实施管理的重点是质量、进度和安全，而不是投资。

关于设计管理的意义，我们还可以从另外一个角度来讨论这个问题。图 1-1 表示了 3 条与成本有关的曲线，我们可以就此作一些分析。

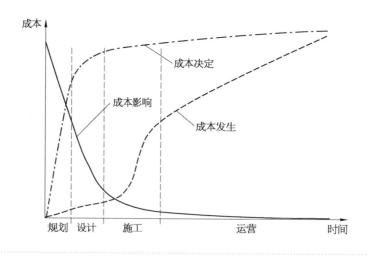

> **图 1-1**　项目全生命周期内各阶段与项目成本的关系

1）成本决定曲线

就像在前面所说的，项目规划设计阶段就已经把成本大部分确定了。我们平时常说，规划都是按亿元来决定投资的，设计都是按千万、百万元来决定投资的，施工是按十万、几万元来决定投资的。也就是说，到了施工阶段成本已经基本确定了。到了运营阶段就可以比较准确地知道成本了，除非有重大的技术革新进行调整，否则不会有太大的误差。

2）成本发生曲线

对于成本的发生，规划阶段可能没花多少钱，设计阶段也没花多少钱，而施工阶段会花较多的钱，运营阶段是长期的，钱一直会花下去，会花很多钱。特别是基础设施，其生命周期长，运营维护的成本总额会很大。

3）成本影响曲线

规划阶段对成本可以有很大的影响，在设计阶段也是这样，把某个需求或标准调整一下，成本就会有较大的调整。比如浦东国际机场的行李处理系统，规划设计阶段没有提供全航站楼的旅客公共值机，没有把每一架飞机、每一个航班的行李分到一个固定的地方，而是把两架、三架飞机的行李分到一个地方，成本就大大下降了。浦东国际机场二号航站楼的规模跟国内某机场同时期建造的新航站楼规模差不多，那个机场行李系统的投资是 2.5 亿美元，而浦东国际机场二号航站楼行李系统的投资是 3.6 亿元人民币，原因就是在规划设计时调整了几个指标，这几个指标对机场的运营服务水平影响不大，对系统成本的影响却非常大。行李处理系统的价值所在是快速、准确地运输行李，因此衡量行李处理系统好不好，有两个指标，一个是能不能以最快的速度把行李交给航空公司的旅客，另一个就是出错率的高低。针对这两个指标，我们可以进行讨论，是不是一定要用复杂的系统来解决这个问题？

至于施工阶段，其对成本的影响能力还有一些，而运营阶段影响成本变动的能力就更小了。

接下来我们研究一下不同的人对成本的影响。如图 1-2 所示，不同的决策

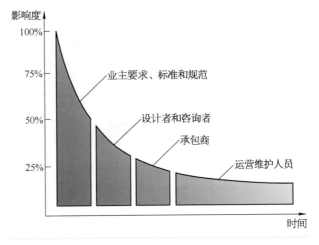

> **图 1-2** 不同决策者对项目费用的影响

者对项目费用的影响完全不同。

影响最大的是业主，业主的要求（使用需求）、标准和规范（国家相应的法规）对项目费用的影响是最大的。但是，现在很多项目，由于业主缺位，或者业主不认真工作，结果放弃了对这一块的控制，造成大量的浪费，这种浪费根本就看不见。

案例 001 | **上海磁浮交通示范运营线浦东国际机场车站**

上海磁浮交通示范运营线（简称：上海磁浮示范线）在建设浦东国际机场车站的时候，一时无法确定以后到底在车站屋顶上面盖什么建筑，是造宾馆、办公楼，还是百货大楼？结果业主要求这个车站上面以后什么都可以建。大家可以想一下，设计人员会怎么做？设计人员为了满足这个需求，就在这个车站设计了一个巨大的转换层，实际上是建造一个空中地面。毫无疑问，这个费用肯定是最高的，因为要把最复杂的、最难的，甚至几种组合的方案都要考虑进去。所以那个车站，不包括现在上面盖的宾馆，车站本身就花了 4 亿元，同样的磁浮线龙阳路车站只花了 9000 万元。由此可以看出业主的要求在设计管理中的重要性，以及作为业主代表的设计管理者的重要性。浦东国际机场磁浮车站及其屋顶宾馆如图 1-3 所示。

> **图 1-3** 上海磁浮示范线浦东国际机场车站及其屋顶宾馆

对项目费用的影响，仅次于业主的是设计、咨询人员，再后面是承包商，最后是运营维护人员，他们在项目后期对项目费用的影响就比较小了。同时，也可以看到，不同的人对项目成本的影响能力是随时间的流逝，不断下降的。

从上述介绍可以看出，对项目投资影响最大的工作主要发生在项目前期的工程可行性研究阶段和初步设计阶段，而对项目投资影响最大的人是业主和设计人员。设计管理工作正是以项目前期和前期的参与人员为工作对象的，自然也就是对项目影响最大、最重要的工作。

1.5 设计管理的定位

设计管理的定位可能是需要讨论的，我们认为可以把项目管理（Project Management，PM）分成三个部分：设计管理（Design Management，DM）、施工管理（Construction Management，CM）、物业管理（Facility Management，FM），PM = DM + CM + FM。过去，特别是改革开放以前，我国的设计院实际上是代业主的，所以业主去找家设计院做设计就可以了。因为那个时候的设计院都是某个城市政府或某个部门的下属单位，比如上海市的设计院、建设局的设计院、建设部的设计院、机械部的设计院等，设计院前面都有一个头衔、一个级别的，那时候设计院其实就是业主代表。改革开放后，社会主义市场经济发展很快，但是这种设计院代业主的模式依然存在，在我们的许多政府项目中还是常常被采用，依然有存在的土壤。

过去20年来，项目管理模式已经发展到业主去找一个设计管理者，委托他去管理设计。在政府工程中，常见的建设指挥部模式就是这种形式，即政府成立一个指挥部，指挥部既不是政府，也不是设计者，也不是最后的使用者，实际上就是政府找到的一个设计管理者。当然指挥部的优势就是它不仅管理设计，还有一些行政的权力。

其实上海现在已经有很多委托设计管理的案例。上海申通集团在做轨道交通建设的时候，就是先找到设计管理者、项目管理者；有时候是先找设计管理者，然后再找一个项目管理者；或者找好设计管理者后，再把后续的建设管理工作全部交给工程总包去做。当时我们有意识地培养了地铁建设管理公司、久创建设管理公司、港铁建设管理公司三家从事设计管理的专业公司。

业主找好设计管理者之后，还会找一个投资监理（图1-4）。这是因为业主对设计管理者自己去做投资监理有点不放心，所以自己找个投资监理可以对设计管理者的行为起到一定的制约和监督作用。在国外我们还可以看到业主会找几个投资监理从不同的角度来做这件事，这里的投资监理，实际上就像国外的律师事务所，或者会计师事务所，一直跟在业主和设计管理者的后面，不停地帮助业主随时掌握项目资金的动态。最后，由业主委托的这个设计管理者自己去找一些所需要的设计单位，来做各子项的设计。

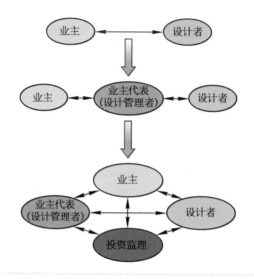

> **图 1-4**　业主、设计管理者、设计者三者关系的变化

第2章

设计管理制度

在这里我们还不太能对设计管理制度进行全面系统的论述，本章主要针对设计管理制度中的几个问题，谈谈我们的认识和体会。这些问题是：设计管理的参与者、设计管理的模式、设计管理参与者的选定、设计取费的管理、设计合同的管理、设计审查制度、设计管理的组织结构、项目经理制度等。

2.1　设计管理的参与者

从设计管理的定位来看，设计管理者实际上就是一种中介机构，在国外叫咨询机构。我们讲设计管理的参与者，首先要讲的参与者就是中介机构、咨询机构。一般来说，项目公司实际上就是业主，是设计管理的第一参与者，那么在业主和施工单位之间，有很多的中介机构、咨询公司、设计院等，这些在国外的概念里都是中介机构，也可以都叫咨询机构，他们把设计定义为咨询的一种。所以我们讲的设计管理应该就是一种中介，就是一种咨询，国际咨询工程师联合会（Fédération Internationale Des Ingénieurs Conseils，法文简称 FIDIC）对这个已经有比较明确的说法。

第二种参与者是业主代表。业主代表实际上是一种管理型的咨询公司。针对专业性强、技术复杂的，或者是政府工程以及一些基础设施项目，业主不能胜任这种工作，往往会找一个业主代表；或者是因为各种各样的原因不愿意做这种工作，就委托给一家专业的机构来做。

第三种参与者是各类咨询公司，包括法律咨询公司、投融资咨询公司、财务咨询公司等。咨询公司的运作制度在我们现在这个社会中还不是很健全，比如我们现在有很多咨询公司，自己都还有老板或者是还有政府背景，这个事情就比较复杂了。咨询公司在国外比较强调的是中立性，不管谁找他，它是对业主负责的，就是对找他的老板负责。

案例 002　｜　**咨询公司的中立性**

日本的日建设计公司实际上是一家综合型的咨询公司、设计单位。它原来是住友集团的建设部，发展到一定规模以后，发现没有中立性客户就少了，就没有发展前途了。所以，它就从住友集团脱离出来，而且公司股份全部由自己员工持有（当然管理者、技术骨干和一般工作人员所持股份的数量是不一样的），并建立了一套完整的保证其中立性的管理制度。实质上，这家公司只对自己负责，有了合同之后只对甲方老板负责，而不会与合同双方之外的第三者还有什么特别的利益关系。

讲评：中立性很重要，为什么这么说呢？就是因为现在国内很多事情，包括设计管理、项目管理做不好，做不起来，往往就是因为缺乏这种中立性，导致人家没法相信你。

第四种参与者是各类设计公司，包括综合性的设计公司、专业性的设计公司、设计监理公司、审图公司、勘察公司、测绘公司等。

上述四种都是设计管理的参与者。

2.2 设计管理的模式

现在常见的设计管理模式主要有以下几种。

2.2.1 设计单位代业主或者设计总包代业主模式

计划经济时代我国基本上都是采用这种模式，见图 2-1。现在这种模式依然比较常见。在虹桥综合交通枢纽工程的建设中，铁道第三勘察设计院（简称：铁三院）实际上就是高速铁路车站这部分的代业主，因为铁道部是业主，铁道部没法具体做项目管理，实际上就把事情交给设计院了。而且很有意思的是，铁道部把工程建设的管理，就是施工的管理委托给铁道部上海铁路局。所以，这就是前面所讲的，把设计和设计管理工作都交给了设计单位。这种模式现在还存在，但越来越少了，主要是在一些垄断的领域里存在。

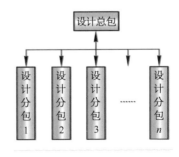

> **图 2-1** 设计总包单位代业主模式

2.2.2 弱化的业主＋设计单位设计总包模式

这种模式也是比较常见的，见图2-2。比如政府要上马某个项目了，人还没有，事情要做了，但做事的人都要求是专业人员，短时间内还找不着，怎么办呢？政府就找了一个设计单位来做总包，实际上是承担了总体设计的任务，甚至还承担了一部分下面具体的专业设计的任务。由于政府技术管理力量的薄弱，我国绝大多数政府项目都是这种模式，比如我国的大部分中小机场建设项目都是这种模式。

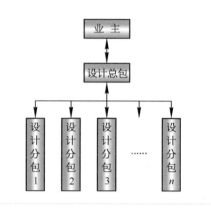

> **图2-2** 弱化的业主＋设计单位设计总包模式

2.2.3 业主（或业主代表）＋总体设计公司＋综合、专项设计公司群（＋设计监理/审图公司）模式

上海磁浮示范线工程、上海轨道交通3号线北延伸工程采用的就是这种模式，见图2-3。采用这种方式是因为业主已不甘心于第二种模式了。一个很弱的业主对设计没有太多的控制能力，造成投资越做越大，上海轨道交通2号线最后做到每公里要10亿元投资，这是什么原因造成的呢？经过研究和分析后认为是因为业主、设计、监管是一家单位承担所带来的必然结果。于是业主就把这些拆开来由不同的单位承担，形成相互制约和监督机制。但是这时候业主的技术力量有限，就只能再找一家设计公司来做总体设计，负责整合分包出去的单项设计工作。单项设计都委托到各专业单位去，当然也不排除这个总体设计单位接受一部分单项设计任务的可能性。这种情况在国内比较多。

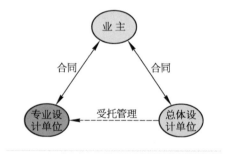

> **图2-3** 业主或业主代表＋总体设计公司＋专业（专项）设计单位模式

2.2.4 业主＋业主代表、咨询公司＋综合设计、专项设计公司群模式

在这种情况下，业主是委托专业的设计管理公司来做项目管理或者设计管理，见图2-4。这种模式是比较合理的模式，这里的业主代表要具有一定的集成能力和总体设计管控能力。这

种模式效率是比较高的，因为通过比较可以看出，前述第三种模式实际上也是有问题的，层次太多而且上面有一个不懂行的人在管，就是不懂行的业主或业主代表在管，而且这个总体设计单位依然是一个在下一个层次里竞争的实体。如果采用第四种模式，对设计的管控机制就比较清楚了。

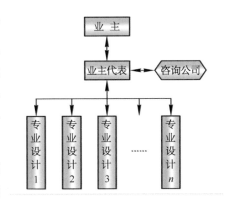

> **图 2-4** 业主＋业主代表、咨询公司＋专业设计、专项设计公司群模式

第四种模式中，作为业主代表，这种管理型咨询公司没必要也不应该所有项目都做。比如上海机场建设指挥部有能力去给别人做机场，但如果要做石油化工项目，就不行了，就做不到这个设计管理公司该做的职能，因为没有这方面人才和知识的积累，也没有这方面的项目经历。所以就像前面所说，设计管理逐步发展成为一个专业了，这个专业需要学习和积累。按照这种发展趋势，以后市场细分到一定程度，有了很多的设计管理公司、项目管理公司后，可能有的公司就专门做机场，有的公司专门做轨道交通，有的专门去做别的。实际上，在发达国家已经是这样，这种细分化是非常清晰的。一个什么都会做的公司实际上是很危险的，不大可能做好。就像国内我们有的人买基金一样，一人买了几个基金拿在手上，那几个基金公司又拿了几十个行业、几十家上市公司的股票，不知道这种投资人这种基金公司到底收益如何？国外不是这样的，而是这个基金公司专门做冶金，那个基金公司专门做 IT，如果这样投资人找它们投资的时候是比较放心的，因为基金公司对所投资的那些上市公司所处行业、公司的经营状况和业绩非常了解。我们以后的设计管理市场也应该是这样的。如果真是这样一种体制，对设计管理者的选定，对设计单位的选定就会跟以前不一样了。

2.3 设计管理参与者的选定

首先，选择设计管理者，就是选择代业主。这是一个基于诚信和互信的漫长过程，需要相互之间的大量沟通和深度了解。招标只是个程序问题，万不可将对设计管理者的选择盲目地交给程序去决策。一个不合适的设计管理者，还不如没有更好。

其次是投资监理，或曰财务监理的选择也是与设计管理者相似的。只是可供选择的公司更多一些，相互之间的制约更多一些，因此也就可以更好地做比选。

最后就是设计单位的选择了。设计单位只是中介机构的一种，现在我们对中介机构还有许多不同的认识，中介机构也没有统一的技术性的操作规范，国内这方面法规确实很少。那么我们怎么去选定这个中介机构呢？有很多现行的方式和方法可供选择。

1) 指名的方式

这是以前到处都可以使用的方式，但是按照现在住房和城乡建设部颁布的法规，只能在技术上有特殊理由时才能使用。就是说某机构有一定的技术能力，比如有专利，有别人不再适合与之进行竞争的情况下才能使用直接指名的方式。

2) 议标的方式

传统意义上的议标，就是找几家单位，请他们各自拿出过去的业绩，以及做这件事情的计划、费用等，然后选一家。我们不太主张采用这种方式，因为这种方式在法律上是说不清楚的，既说不清楚为什么选中这几家议标的参与者，也说不清楚议标与投标的实质性差别到底是什么，当然也就说不清楚为什么要这样做。

3) "资质审定＋技术方案（设计竞赛）"招标的方式

这种方式比较常见，特别是对建筑方案这类适合做设计竞赛的项目是可以的。但是仅适合用在不是很复杂、很大的项目上。太大、太复杂的项目不宜采用这种方式，因为如果人家给你把方案做完，那个成本已经不得了了。另外就是以方案为目标的项目也不宜采用这种方式，比如规划项目就不太适用这种方式。一座机场、一块土地的开发规划，方案出来时主要工作也就基本结束了。

4) "资质审定＋工作计划＋报酬"招标的方式

这种方式在国外用得很多，我们在浦东国际机场工作区规划、上海磁浮示范线基础设施信息系统、浦东国际机场二期航班信息系统集成等项目上用的都是这种方式。就是说我们现在已经大量采用这种方式。这种方式的实质是把投标人过去的相关实绩拿来，再加上他们为我们这个项目专门做一个工作计划和实施方案，然后再把其相应的报酬放在里面，再进行比选评标。在市场经济发达的国家，这种方式用得更多，他们很少采用我们常用的方案竞赛方式，因为上述第三种方式成本比较高，有许多优秀的投标人也不愿意参加这种主观好恶占很大比例的竞赛。

5) "资质审定＋报酬"招标的方式

这种方式适用于单元工作、多次重复的比较简单的项目，比如勘探、测绘项目等，都是总价等于单价乘以单元数的，不需要独立计算，这种情况下可以不对整个工作内容进行招标。

在设计院的选定中，还有一个怎么评审的问题。这里用案例介绍一下上海机场建设指挥部采用的评审办法（请参阅《浦东国际机场建设——项目管理》，上海科学技术出版社，1999 年版）。总体来说，就是要保证采用公开、透明的评审方式，并用奥林匹克运动会的评分方法来打分（去掉一个最高分和一个最低分），鼓励竞争。浦东国际机场二期扩建工程中我们非常注意提高评审工作的透明性。

案例 003 | **浦东国际机场一期工程的绿化设计招标**

浦东国际机场一期工程中的绿化设计（图 2-5）是一个比较大、包含内容较多的设计招标项目。当时建设指挥部内部没有学绿化专业的人，因此指挥部也编不出来这个招标文件。我们做了一个尝试，请三家投标单位各自给我们做一份标书，然后我们对三份标书进行了研究，当

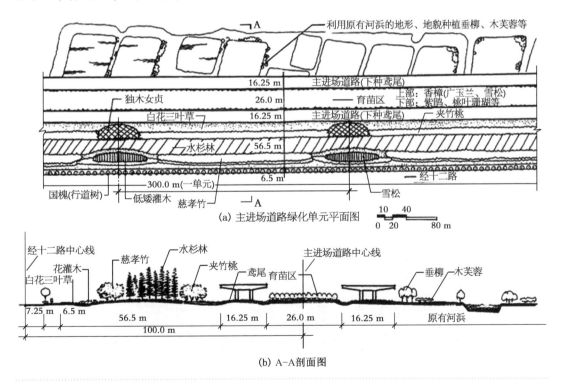

(a) 主进场道路绿化单元平面图

(b) A-A剖面图

> **图 2-5** 浦东国际机场一期工程的绿化设计

然也把自己的一些想法和要求告诉了三家投标单位。在这三份标书的基础上，我们自己编定了一份标书。因为是绿化项目，还不是那种特别复杂、技术上特别高精尖的项目，如果是特别复杂的项目，我们可能就做不到这一点了。这个尝试很成功，通过这个过程，我们不仅让三家投标单位知道了我们的标书是怎么编出来的、我们想要招到什么方案，同时也让它们知道了我们怎么评标，而且还让三家投标单位的主管领导参加我们的评标，最后达到了很好的效果。选上的单位很高兴，没选上的也知道自己是在什么地方失败了。事后我们还得知有家单位的领导并没有投自己下属公司的票，而且还批评了下属公司：没有好好做，不努力！

案例 004　上海磁浮示范线龙阳路车站设计招标

在上海磁浮示范线龙阳路车站（图2-6）的设计方案评标中，我们邀请了四家投标单位的总建筑师作为评委参加评标。在最后投票时，这四位评委并没有都投给自己单位，有的评委投了非自己所在单位的票。因此评标过程没有必要搞得很神秘，你要相信公开、透明肯定会更好，更要相信每位专家评委的人格和信誉。这次招标还有一个结果出人意料。基于我们对设计管理重要性的认识，这次评标的时候我们非常看重建筑设计方案本身的优劣，所以我们在标书中把技术部分的比重放得非常大，而商务（设计费报价）所占的比重非常低（投标前，投标人只知道技术标和商务标各占一定比例，待他们投标后，评委评标前才公布技术标占95%，商

> **图 2-6**　上海磁浮示范线龙阳路车站

务标只占 5%），最终谁中标与设计费的报价多少其实关系不大。当技术方案评出后，我们发现得第一名的投标人商务报价最高，但这已经不影响他中标了，结果产生了一个商务高价中标的案例。实际上方案的设计费的确是提高了，但是该方案对整个投资成本的控制使我们的投资预算从 2 亿元下降了 50%，降到只有 1 亿元。一般来说，设计单位必须在设计方案上做很多优化的工作，才有可能将投资额从 2 亿元降到 1 亿元，这是要增加设计者的工作量的，因此设计费用比别人高是合理的，当然也是值得的。

讲评：上述两个案例都是为了说明提高透明度的好处。为了提高透明度，案例提供了两个方法，一是让潜在的投标人参与标书和评标办法的编制。当然在别的案例中也有采用征询潜在投标人意见的方式。二是让投标单位的技术领导参加评标过程，甚至是作为评委参加，这会大大地提高评标过程的透明度。只是要注意两点：第一是评委的数量可能要多一些，保证投标单位的评委少于三分之一；第二是采用奥林匹克运动会评分制度，将一个最高分和一个最低分去掉，以防个别评委的极端评分破坏整体评分的合理性。

　　我从事设计管理 20 多年，从未出现廉洁问题，我带的团队都非常清廉。上海市纪委曾专门调研，问我的"秘方"是什么，我告诉他们：就两个字——"透明"。尽可能地提高透明度，是保证廉洁的法宝！

2.4　设计取费的管理

　　我们国家在设计取费方面的法规一直没有健全和完善，现行的法规还是按费率来收取设计费，这个方法的弊端很大，会导致设计单位去浪费或者花不该花的钱，因为把项目设计得越贵，它拿的设计费越多，这种挂钩没有太多的逻辑性。现在在工程可行性研究报告里面已经有一个设计费率的算法，于是我们就把那个数字作为设计费的参考值，有时候也把它当作控制的目标。一般来说，我们会要求设计管理者把费用控制在工程可行性研究设定的这个限额以内。那么在实践中这个设计费用是怎么出来的呢？我们有很多办法。

2.4.1　工作量核算的办法

　　这实际上就是一种"计件"工资的办法，国内基本没有用这个方法的，但是国外用得较多。因为国外很多公司的成本是透明、公开的，你可以知道它有多少成本，然后把一定的利税加进去，该付多少钱是知道的，所以人家不会像我们这样拼命地杀价，就是这个原因。但是在国内这么做，大家可能会嫌麻烦，特别是有些管理者不喜欢去算这种细的账，所以这个办法在国内用得不是很多。

我们在前面讲过选定设计单位的办法中有一个"资质审定＋工作计划＋报酬"招标的方式，实际上后面那个"报酬"也不是乱要的，必须要提供依据。在国际市场上，多数都是这么算的，好处是可以把工作量约定下来，大家的风险都比较小。比如说设计单位准备投10个什么样的人员，他们的人力成本是多少，写到投标文件里；一旦宣布中标，它就必须把这些人投到项目中来，大家就有一个很清楚的管理界面。管理界面要是太模糊了就会出问题，有时候你看着价格便宜，但来的人不一样，而人跟人会差得很远，总体效果就不好说了。

2.4.2　人员资质的成本核算

这个方法用得也很多，最典型的就是德国。在德国，德国工程师协会有一本很厚的成本手册，且每年都有新版，手册中对人员成本规定得很具体，实际项目中大家就按这个计算。咨询工程师协会如会计师协会、律师协会、建造师协会都有相应的标准。我们也用过这种方法。2008年我们从上海的市场调查中得知，从助理工程师到教授级高级工程师，成本是每年15万～50万元人民币。工程项目中，我们大量使用的还是工程师和高级工程师，教授级高级工程师是很少的，因此，我们讲上海的工程师成本就是15万～30万元。在一般性难度不太大的项目中，一个团队里面，整体综合人均成本20万～25万元是比较容易被认可的。我们调查过十几次招标中几十家设计单位的设计费报价，算到每个设计人员也差不多是15万～25万元这个范围。就是说我们可以用这个市场价与设计单位进行谈判。

我们在做上海磁浮示范线的时候，由于当时不知道能不能成功，也不知道总的工作量，我们跟上海市政工程设计研究院就是这么谈的：一个人25万元，不管是什么级别的人，刚毕业的也是25万元。他们接受了。当然这个价格是随市场浮动的，可以成为取费的一个参考依据。尽管如此，这个参考对于我们也很重要，因为作为一个设计管理者，首先要跟设计单位谈合同，设计费是必须要考虑的，至少心里要有个数。

2.4.3　模糊评判法

模糊评判法很多领导都愿用，就是你别管人家多少钱，让他们先报价，看看他们要多少，这个要 70 万元、那个要 80 万元，最后我拍拍脑袋决定，或者挑个便宜的，这种办法很常用。当然拍完以后签合同时还是需要好好谈的。同样的 70 万元，就有很多的进退，派的人不一样，工作量不一样，提供的资料、图纸不一样，或者附加的费用不一样，这个不包括、那个不包括，很麻烦。所以这里需要做很多的工作，这不是我们所推荐的方法。

2.4.4 设计奖惩法

设计奖惩法可能不是法律意义上的收费办法，但实际上也算一种经常被采用的设计取费办法。此方法就是采用基本费用加奖励费用的方式，浦东国际机场建设从一期到二期都采用了这个方法。我们把设计费谈完以后，给一块奖励的费用，这个奖励费用能不能拿得着，得看设计单位的工作表现。这种方式在我国现在的市场经济条件下也是很管用的。

不管怎么说，取费机制最根本的问题还是要根据合同约定按时付款。当业主的不能按时付款，就什么事也做不成。按照我们国家现在这种设计单位的管理体制，你让他给你大量垫钱做设计是不大可能的。比如虹桥综合交通枢纽初步设计做完后，叫设计院出施工图，怎么也叫不动，设计院没拿着钱就是不做。虽然话没有这么说，实际上就是这个问题。业主给了钱，第二天设计人员就全部到了，工作就开始了。现实就是这样，业主怎么付费是可以商量的，但是必须要按时付款，这也是市场经济铁的法则。怎么付款呢？应该结合工程进展、设计进度、设计质量以及档案、资料的收集等，在合同中确定付款进度节点。比如初步设计完成以后，设计单位把设计文件全部交齐给业主，业主再付款，这个也是很重要的。如果初步设计完成了、设计费也付了，但是设计文件没交齐就会是个问题。过了这个阶段，很多设计单位接着就在这些初步设计上面做施工图了，如果等到工程竣工验收要初步设计文档时才发现文件不齐全就麻烦了，难道再要设计单位重做一次？他肯定会说：你再加点钱吧！

2.5 设计合同的管理

关于合同，学校的管理课讲得很多，我们在这里不想再重复，只想讲三个方面的体会：合同管理的原则、合同编制的原则、合同的审查。

2.5.1 合同管理的原则
在合同管理中需要坚持以下原则。

（1）没有合同不干活。工程合同是项目执行者的"圣经"。当然为了把合同做好，可能要有一些技术上的配合，但是大家一定要重视合同，要尽快签订合同。现实中，我们看到的是许多业主让人家干活却没有签合同，甚至连委托书都不给。其实，这业主不是精明，是傻！首先，市场经济环境下，大家都是无利不起早的。想让人家无偿服务？你除了"骗"，就是"傻"！其次，如果你一定会付款的，只是不想爽快地付的话，那你就更傻了。因为拿到钱干活和不知道是否能拿到钱时的干劲、干法是完全不一样的。所以我付款都是很爽快的，因为我不是骗子，也不是傻子。

（2）所有合同都闭口。所谓合同闭口，就是要把任务界面，即到底要做什么界定清楚。前面讲一定要有合同，这里则是讲合同要像合同。我们有很多合同签了以后，不知道签完要干什么，有很多设计合同、工程合同签得像科研合同一样，根本不知道它执行到最后会得到什么结果。因为合同中没有给双方提出明确的工作内容、工作要求、进度要求甚至没有明确合同金额，这是很大的问题。如果没有明确的工作内容和要求，合同当然不能闭口，即使谈好了一个合同价也是假的，因为内容可能会调整，有些人可能会振振有词地认为工程项目就是这样"千变万化"的，但如果在项目实施中合同内容不断被调整，合同就变得毫无意义了。

合同管理的这两条原则实际上是很简单的道理，但业主往往都会在这些方面犯错，常常是还不知道要干什么的时候就急急忙忙把合同签了。后面我们讲功能分析的时候会提到，作为设计管理者，首先要明确你想要干什么。有很多人他不知道自己要干什么，就跟别人签合同。到处都是这种例子，如业主常常说"把设计院叫来，签了合同让它做"，但是这个项目要做什么，什么规模、什么标准、以后怎么使用，都不知道，就把设计合同签掉了。设计院本来就不是神仙，它现在已经是市场主体，更不是神仙了；而且设计院也不是什么都会，你家的房子以后怎么住、怎么用，设计院当然不知道，这种情况下设计能做好那才是怪事。

（3）采用施工图招标。施工图招标就是将招标范围内的施工图全部出齐、达到深度要求后，再用这个施工图进行施工招标。施工图招标对设计管理提了一个比较高的要求，但是有了这一条，就奠定了投资控制的基础，就能够把项目管好，否则很难控制投资。我们很多工程，图还没做完，或者做了一部分就开始施工了或者招标了，那个招标结果肯定本身又是不闭口的，是一个"作秀"的招标，因此工程就会成为一个边做边改边看的工程，这样对项目影响很坏。前面讲到初步设计阶段能够控制80%的建设成本，但是如果没有采用"施工图招标"这一条原则是做不到的。因为没有这一条原则的保证，后面的合同金额会越做越大，变更单不停地签下去，越签越多，最后签单的金额甚至会比合同签订的金额还多，这也是常见的事情。有时，迫于各种压力，项目在初步设计完成后就开工建设，甚至工程可行性研究完成就开始施工招标，这对控制进度和投资都是非常不利的，设计管理者对这类做法要坚决抵制。上海磁浮示范线施工工期只有 22 个月，但坚持了施工图招标这一原则，最后非常好地达到了控制工期和投资的双重目的。

2.5.2　合同编制的原则

在合同编制中应该注意的主要问题是：界面要清楚、要求要明确。合同中的文字描述或粗或细要看合同签订双方的特点、信用关系，还要看项目本身的特点。

（1）合同编制要与组织结构相联系。合同编制一是要与设计单位的组织结构相联系；二是要与设计管理者自己的组织结构相联系。

（2）合同编制要与工程的承发包模式相联系。如果设计管理者做了一套很完整的图纸，但是施工的时候是两个施工单位做的，这个事情就很麻烦。因此合同编制要与施工结合起来，要考虑以后准备分几个标段，怎么发包。

（3）合同编制要尽可能减少合同界面。因为我们做设计管理就是做项目管理，做管理就一定要把界面界定清楚，而且要减少界面。界面越多，管理量越大，出错的可能性越大，风险也越大。

（4）合同要进行动态管理。合同的动态管理包括合同的跟踪、清理、变更，不能签完就不管了，要跟踪、清理，不断发现新情况，合同签订后总会有一定的调整或变动。

（5）合同编制要与投资管理、资产管理相适应。前面讲设计内容的时候就讲到，我们管设计、管建设，不能仅仅考虑把项目建成，还要考虑以后能够用、能够管、能够把投资分得清楚，特别是我们研究的重大项目，比如虹桥综合交通枢纽的设计管理就是一个很好的例子。虹桥综合交通枢纽有 7 家主要的投资者，他们的钱投到哪里绝对不能糊里糊涂的，虽然财务上会有办法可以硬性把钱摊派给大家，但是那会有许多后遗症，会对后期的运营管理和效益分配造成不良影响，从而影响投资者的积极性，因此我们必须要做到资产清楚。要做到这一点，必须从设计就开始考虑，签合同的时候就要考虑，否则后面就拆不开了，甚至设计合同本身就要拆开。例如你签了一个车站的大合同，如果签的时候没注意，等到拆分的时候发现下面是地铁公司的资产，上面是机场集团的资产，你怎么拆？如果拆不开，就有一系列的问题出来，就不仅仅是资产的问题，管理的问题也会出来。所以一定要记住"设计管理的过程就是投资管理的过程，就是资产管理的过程"。如果不意识到这点，等到验收的时候发现有问题，那就无法移交资产，或者移交起来非常困难。现实中很多设施运行好几年了资产还没有分出来，结算没法进行，工程验收不了，这是常有的事情。我们从事的重大基础设施建设项目非常复杂，如果缺乏设计管理，肯定会遇到这种问题。因为没有受过专业训练的人刚开始做的时候，他不会考虑这些事情，他认为他的任务就是把设计做好，最多是把项目建好，以后怎么用他不管，怎么分资产他就更不管了。

2.5.3　合同审查

关于合同审查学校里面讲得够多了，我们只想强调两点：

（1）对人员的要求要明确。人员要求很重要，但经常会被忽视。因为一家中介机构、一家咨询机构，他用的主要就是那些人，不是设备也不是电脑，所以人的问题很重要，一定要在合同里把相关的人员要求提清楚。我们现在审查合同主要就是看人，看他到底派来些什么样的人，在极端的时候我们甚至给设计院来现场服务的人员打考勤卡。要知道技术人员只要他在项目现场了，他闲着也难受就肯定会为你的项目工作。所以我们在浦东国际机场二期扩建工程中都要求设计院到浦东国际机场来工作，就是这个原因。工程师坐在那了，他就会给你干活，如果在设计院里他可能只有一半时间给你工作，另一半时间在为其他项目工作。

（2）知识产权的问题要界定清楚。知识产权也是很重要的，做磁浮示范线的时候，我们深深体会到这点，因为签合同时没有重视这点，最后发生了多次产权纠纷，磁浮公司因此专门成立了保护知识产权的部门，而且我们相信以后这方面的问题会越来越严重。因为以前我们遇到的都是国有企业跟国有企业签合同，没有什么关系，反正产权都是国家的，现在不同了，20多年的改革使我们的设计单位、咨询机构变成了市场的主体、独立法人了。在设计过程中会产生很多技术创新，在国家鼓励创新的情况下，这些技术创新的产权怎么界定是个大问题，里面有很多的学问。

案例 005 ┃ **虹桥综合交通枢纽建设中的"膨胀桩事件"**

虹桥综合交通枢纽的设计单位有许多家，但建筑物的桩基设计主要是两家，其中一家设计了一种桩头在打入后膨胀的有创意的方案，已在实验中验证，并运用到设计中。

另一家设计单位听说后找我要相关资料，我考虑到同一个综合体设计，最好用一种桩基，就把资料给了他们。没想到这家设计单位的个别人却拿了这个设计去申请了科技进步奖。原设计单位听说后非常不高兴，就找我来抗议。

我从这次经历中认识到了设计管理中知识产权管理的重要性，并从此开始设计建设一套知识产权的管理制度。

案例 006　　**方案征集中产权购买的是是非非**

不知从什么时候开始，业主学会了买断知识产权。最恶劣的就是在方案招标书中锁定了一个很低的买断价，如果投标者不同意这个价格，就失去投标资格。

在我看来，这实际上是一种"霸凌"行为。投标单位应该拒绝这种条款，因为不同的方案应该有不同的价格，应该通过谈判来解决。

我这里想说的还不完全是知识产权的定价问题。我认为设计管理者应该明白：方案所有者才是最好的方案设计者和实施者。方案中的许多东西是买不来的，产权购买只能解决法律问题，不能解决技术问题和艺术问题。

行业内多次出现方案中投标人的知识产权被强迫买断的案例，"不尊重知识产权"的帽子被戴在了业主头上，已经侵蚀了业主的信誉，败坏了业主的名声。

2.6　设计审查制度

按照我国的法律，设计院在完成规划方案、方案设计、初步设计以及施工图设计以后，政府都需要进行审查，甚至有相当一部分情况必须进行强制性审查。但是这样的审查制度是有很大问题的。

我国普遍采用设计审查制度，几乎所有的投资项目，除了民营企业和个体户，只要投资中有国有、集体或地方政府的投资，都需要进行设计审查。但是，这个审查到底起了什么好的作用呢？我一直没弄清楚，而且我们还认识到它起了一个很不好的作用，那就是当政府审查完以后就再也找不到责任人了。本来按照甲乙双方签订的合同，设计做好后，设计责任是设计院的，合同上写得清清楚楚。但是由于政府这一审查，设计院就没有责任了，甚至在审完后再发现错误，设计院也不愿意改过来，因为审过的设计它不能再改，这种极端的情况也会有的。这就出现了一个很大的问题，我们试着想想，政府的设计审查时间往往只有两三天，甚至半天，这么短的时间里能审得清楚吗？但是因为有了这个程序以后，政府就把责任扛到了自己身上，至少是把一部分责任扛到了自己身上。实际上政府不可能也不应该负这个责任。

　　另一方面，政府的审查是组织专家来审查的，那么专家在这里面充当什么角色，承担什么责任呢？法律上是不明确的。从法律上来说，虽然专家提出了审查意见，但专家只代表自己个人，政府可以不承认他们的意见。但是事实上政府是不可能否定专家意见的，结果政府审查后就会造成"设计院认为政府同意了，自己就没责任了；政府不可能承担这些责任；专家就更没有责任了"这样一个谁都不负责任的局面。如果真的出了问题，政府肯定不会有责任，因为专家审过的；而专家只代表自己的个人意见；设计院说政府审过的，我按你批准的那么做，我当然也没责任。所以我们说这是一个很大的问题！

　　那我们看看别人是怎么做的。在美国、德国和日本，凡是有相应法规的设计政府都不再审查。设计院按法规做了，只要把资料提交给政府备个案就行了。那政府审什么呢？就是审不能按法规做的，或者是没有法规的设计。比如做一个体育馆或者航站楼，按照消防法规，5000 m² 要隔开，体育馆和航站楼当然不可能这么隔开，这种情况下设计方案就需要送审。设计院要把不作隔开以后采取的相应疏散手段、扑救方案等相关消防措施讲清楚，证明所采取的措施能够保证安全，审查委员会评审完以后，认为这个设计方案确实能够保证安全，就会给政府一个意见，政府就会有个许可。如果再出事，政府要承担一定的责任，比如说出了设计事故造成了损失，赔偿的时候政府要承担相应的赔偿责任。但是如果设计院没按法规做错了事，则全是设计院自己的责任，政府没有责任，政府那时候只负责来查设计院的问题，追究设计者的责任。那我们想说的问题是，现在我们的政府对设计进行全面审查以后，是追查不到责任者的，施工单位还能追究出一点责任，但设计单位要是出错了一点责任都没有，归业主倒霉，一般都是这样的情况。

　　那么我们怎么解决这个问题呢？实际上我们在所管理的项目中，是自己组织专家审查的。我们是请真正的专家来审，花很长的时间审，坐在那里一审就是一个星期，或者更长。我们的设计图纸确实是需要审，特别是在市场经济体制下，设计院是不是真正按照业主的要求做了，是需要审查的；他是不是做得合法，也是需要审查的。

2.7　设计管理的组织结构

设计管理的组织结构与设计管理的模式有直接关系,一旦设计管理采用某种模式,那么与之相应的合同就是新型组织关系的基础和纽带。在新的模式下,设计管理是一种市场活动,那么合同就是设计管理者的"圣经"。一旦设计管理公司、项目管理公司与业主签订了合同,那么这个合同就是除了国家法规以外,设计管理工作的依据。我们在做上海磁浮示范线的时候,西门子公司在现场的工作人员每人手上都有一本合同,他们把它叫做项目的"圣经"。后来我让我们的管理人员向他们学习,每人也拿一本合同,让大家都去看合同。合同那么厚几本,每人负责一块,拆出来拿在手上,每天检查是不是按照合同在做。这个工作很重要,跟我们以前的体系就不一样了,合同就是这个体系能够维持起来的基础,同时也是一个纽带。

由于项目大、技术复杂,城市重大基础设施项目需要设计管理公司,而设计管理公司的组织机构也要进行社会化、市场化的操作,并需要与之相适应的管理机制。因为一家设计管理机构不可能拥有大量的专家或最好的专家,即使有,也不可能长期养得起。有很多技术专家和管理人员都是社会共有的,要学会利用社会力量,建立市场化运作和管理的体制,因此必须要有一个专业化、社会化、市场化的管理模式,否则这个设计管理机构会很难维持下去。我们在做机场的设计管理时就感到全国民航领域的专家并不多,熟悉浦东国际机场这种大型机场的专家就更少,因此我们就面向全世界,把美国最好的咨询公司请过来,把欧洲最好的系统供应商请过来,这就是在全世界范围内利用了专业化、社会化、市场化的管理机制。而在这个过程中,作为设计管理实体的上海机场建设指挥部起到了最根本的作用。指挥部作为管理者的核心竞争力是管理,而不是技术,如果要把技术本身做到非常全面、强大,那可能会偏离管理公司的定位。这种管理机制的另一个优点就是精简、高效。在专业化、社会化、市场化的操作方式和运作机制下,管理机制成为核心竞争力,就能够达到精简、高效、务实、廉洁的目标。

多数项目管理公司都是矩阵式组织结构,与这种组织结构相适应的是项目经理制。这种组织结构在国内讨论得很多,但是真正要做也不是很容易,因此现在真正用得好的案例并不多。下面讲两个案例,一个是上海磁浮示范线工程建设指挥部,一个是上海机场建设指挥部,代表两种不同的项目管理组织结构。

上海磁浮示范线工程建设指挥部的组织结构及其演变

　　我们做的上海磁浮示范线是世界上第一条磁浮交通的商业运营线。实际上当初不清楚能否做得成功，为了集中力量在两年内把它建成，政府作了一个决策，即让这个指挥部实际上成为政府、业主、最终用户以及建设管理公司四位一体的团队。当时除了运作高效的考虑以外，还有一个重要的原因是没人，找不到熟悉磁浮交通的人才。尽管这样，指挥部的力量依然薄弱，于是指挥部又找了一家总体设计院，它虽然也没有做过磁浮交通，但是做过轨道交通、高速公路、高架道路。我们就利用这两个实体来进行设计管理，然后又找了一系列设计院来做具体的设计工作。因此磁浮项目实际上是总体院加上指挥部共同来做设计管理工作，就是采用了设计管理的第三种模式。采用这种模式后，指挥部在过程中不断地发展壮大，把自己做强。对我们国家、对上海来说磁浮是一个新的东西，设计管理是在不得已的情况下采用了这种模式。但是对于我们很多内地的城市来说，要盖一座机场、要修一条轨道交通，跟我们当年做磁浮示范线所面临的情况大体上是一样的，所以可能也只能建立一个这样四合一的建设管理机构，然后到北京、上海或者广州找一家总体设计院来做技术总体。这种模式还是具备很强的操作性的，一个很重要的原因就是通过这种模式实际上是把总体设计院过去在上海做设计管理、项目管理的很多经验带到磁浮指挥部了，指挥部缺的只是专业技术人才，那么经过两年，等到把这个项目做成的时候，指挥部就已经发展壮大起来了。

　　两年后磁浮示范线工程建设指挥部进化为三个实体（图 2-7）。

　　第一个实体是上海磁浮交通发展有限公司，它是业主、最终用户，设有办公室、财务部、经营部、运行部和组织人事部。

　　第二个实体是上海久创建设管理有限公司，它是业主代表，承担工程管理和设计管理工作。实际上它的主要工作是做设计管理，施工管理这一块不要看下设多少部门，实际上是比较弱的，因为分解出来的每一块工程，只要技术上相对成熟，都可以找到一家总包单位，找到总包单位以后工程部自身就不需要承担很多技术工作了。只有技术上不成熟时才需要工程部强大，这是我们一贯的管理思想。上海轨道交通 3 号线北延伸工程的业主代表工作就是久创公司承担的。

　　第三个实体是做技术支撑的，叫国家磁浮交通工程技术研究中心。这个中心与咨询公司是一体化的，实际上是做咨询公司的工作，是为设计管理和工程施工管理作技术支撑的。

　　磁浮公司的组织结构中还有一块是委托或外聘的相关公司，就是通过专业化、社会化、市场化的方式找到的投资监理、法律顾问、进出口公司等，这些是体外实体。这样当磁浮示范线工程做完的时候，一个很好的管理机制就形成了。这个结构看起来是一个很庞大的机构，实际上只有 100 多人，这就说明一个问题：没必要把参与工程项目管理的所有人、所有专业都养在自己体内，管理公司必须走专业化、社会化、市场化的道路，专注于培养自己的核心竞争力。因此必须明白：设计管理者的核心竞争力是"管理"。

　　上海磁浮示范线工程建设指挥部组织结构的演变如图 2-7 所示。

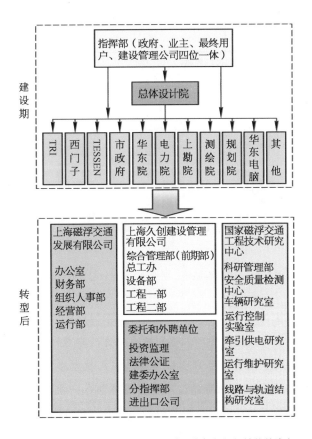

> **图 2-7** 上海磁浮示范线工程建设指挥部组织结构的演变

案例 008 ｜ **浦东国际机场二期扩建工程设计管理的组织结构**

上海机场建设指挥部的组织结构采用的就是我们推荐的第四种设计管理模式（图2-8），业主是上海机场集团有限公司，使用者是上海国际机场股份有限公司。因为上海国际机场股份有限公司是专门做机场运行的，做项目管理的业主代表就是上海机场建设指挥部，它是做设计管理和建设管理的实体。

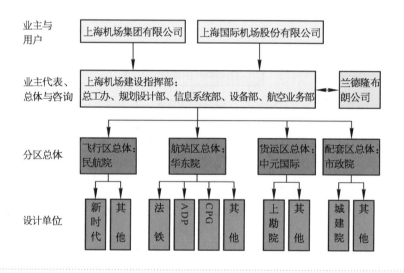

> **图 2-8**　浦东国际机场二期扩建工程设计管理的组织结构

指挥部起到设计管理主体的作用，同时指挥部有浦东国际机场一期工程的建设经验，有相当多的技术积累，有100多人的建设管理人员和技术人员，其参加设计管理的总工办、规划设计部、信息系统部、设备部、航空业务部已经具备相当的技术咨询能力和较好的设计管理能力。但是因为第一次面临这么大的机场建设项目，指挥部在一些领域的技术和管理能力还不足，所以我们聘请了美国的兰德隆布朗公司作为咨询顾问，它只给指挥部作咨询顾问，跟设计单位没有关系，主要是弥补指挥部的不足，从技术上给予支撑。

接下来指挥部找了很多设计单位，由于机场项目太复杂、子项太多，设计管理工作被分成4块来进行，每一块又相应地找了一家总体设计单位。飞行区由中国民航机场设计研究院（简称：民航院）为分区总体；航站区是华东建筑设计研究院（简称：华东院）牵头；货运区是中元国际为分区总体，就是原来的机械部设计研究总院；工作区是上海市政工程设计研究院（简称：市政院）为分区总体。指挥部主要对这四家分区总体设计院进行设计管理，主要管理使用需求和机场总体协调，而由四家分担一部分的纯技术管理工作。实践下来，这种模式非常成功。

虹桥综合交通枢纽工程采用了完全相同的模式，只不过机场的用户换成了虹桥机场公司，虹桥枢纽的业主变成了 7 个，枢纽的用户还有铁道部、磁浮公司、地铁公司、长途汽车公司、出租汽车公司、旅游公司等。

🌿 **讲评：**

在浦东国际机场二期扩建工程设计管理中，我们采用了分区设计总包管理的模式。这四个分区里面四家分区总体单位差别很大，飞行区和货运区比较成功，很重要的一个因素就是这两家总体设计院本身具备比较好的设计管理能力。比如中元国际，虽然它是以工程设计作为核心竞争力的，但是完整的交钥匙工程项目做过很多，它曾与国内某大型设计单位竞争中国驻美国大使馆的项目，某大型设计单位的设计方案评分是第一，但是最后外交部还是把项目交了给中元国际，就是因为中元国际对整个项目的管理能力比较强，外交部说我没有懂建设的人，现场我也不可能派人去，所以如果是这样，那还是给中元国际比较放心。我们在浦东国际机场二期扩建工程项目中也明显地感觉到这点。民航院因为是民航领域内长期做代业主的，那些小机场项目它们就是代业主，所以这次做得也比较好。

有的设计单位是第一次做这样大、这么复杂项目的设计总包，其内部基本不具备设计管理能力，也没有相应的设计管理人才和相应的内部管理机制，所以它们的管理比较弱，虽然做了很多努力，也取得了很大的进步，但是比较起来确实差得有些远。以前我们的设计院都是做代业主的，但是改革开放这些年其管理模式变了，现在他们基本上不做代业主，很多设计院都追求"产值第一"，产值压力很大，因而很难发挥其设计管理的作用。指挥部是想让他们发挥作用的，建立图 2-8 所示的管理体制就是想把很多技术上专业的事情转移给四家分区总体设计单位，指挥部就不管得太多、太具体了。建立这个体制的时候，指挥部就想将机场特有的、专有的东西，比如行李系统、信息系统、跑道、助航灯光，这些特殊的东西自己管；通用性的，比如电梯、照明、结构、上下水、空调等，指挥部就不想具体管了。但是执行下来，四家总体设计单位有很大的差异。这个差异跟我们指挥部当然也有很大的关系，如果指挥部的力量强一点，也能弥补一些；但如果遇上设计院弱的这一块指挥部也很弱，这就比较麻烦了。比如浦东国际机场二号航站楼设计时，旅客捷运系统是连接主楼与卫星厅的，我们的管理人员不懂，设计院也不懂，设计院意识到后就找了外国公司做咨询，应该说，还是尽了很大努力，钱也没少花。但是因为设计院对外国咨询公司没有管理能力，结果等到我们要上这个捷运系统的时候，才发现前面做的工作中问题很多，需求不清楚，很多技术要点没有交代，留下不少遗憾。

我们建立这个分区总体或设计总包体系的本意是想放一部分设计管理的工作到四家总体设计单位去，现在看来不能简单这么放，因为有的单位可以放得下去，有的单位不能放。

在我们现有体制下，做设计管理的费用很少，入不敷出；而出施工图来的钱最多，价值、费用严重倒挂。在设计这个领域内最动脑筋的事情最不来钱，最需要创新的事情最不来钱，最不需要创新的最来钱，这个事情就挺麻烦的，搞得我们常常束手无策。这也许能从另一个角度说明我们更需要设计管理。

怎么把设计总包管好，确实是一个很大的课题。这里面有一个分权的问题，同时还有一个管控的问题。你必须要了解你的管理对象，掌握每一个对象的优点和短处，如果不了解你是做不好的。

2.8　项目经理制度

我们在上海机场、磁浮、虹桥综合交通枢纽项目中采用的都是阶段性项目经理制，也就是说我们把一个项目的管理分成三块：设计、施工、计划财务。三块由三个项目经理管理，相互之间有很大的制约。这种模式不同于西方社会的项目经理制，但我认为它是合理的，是符合我国实际的。我们采用的这种模式有两条最基本的理由：一是为了保护我们的干部，避免陷入"工程上去了，干部倒下了"的怪圈；二是为了控制投资，避免只要工程能完成，项目经理花多少钱都没关系的"工程政治化倾向"。

应该看到，在今天的中国要采用西方式的项目经理制，环境还不是很成熟，社会诚信和个人的诚信系统都还没有建立起来，也没有足够多的合格的项目经理人。因此，采用这种有制约的项目经理制可能是最符合现实情况的。我们的实践也证明了这种模式是成功的。

怎样在设计管理中采用项目经理负责制呢？这对我们来说仍然是一个沉重的话题。我们在过去所管的项目中用得不是太好，行政管理的色彩太浓，虽然多次尝试过，但都不是很成功，因为我们的行政体系太强大了。尽管如此，我们仍然认为在设计管理中采用项目经理制是很重要的，如果设计管理最后不能走到有一批很成熟的项目经理做支撑，那么这个设计管理也是非常脆弱的，可能会因为一个很小的原因，就使我们过去努力建立起来的组织体系解体或者被破坏掉。只要有了这一批人，那组织机构本身就变得次要了。怎样把这一批项目经理培养起来呢，学校里面的课讲得比较多了，这里就不再赘述，要强调的就是项目经理的职责和权限这两个方面，要真正做到有责有权。

项目经理的职责包括：对业主和公司经营班子负责，代表公司为客户开展项目服务，制订项目组工作计划，组织并聘用项目组成员，检查并上报（业主和公司）项目进展情况，监督技术经理的工作，奖惩项目组成员，协调与公司各部门的关系，按预算控制项目的支出。

项目经理的权限包括：管理项目组的全部工作，全权代表公司为业主服务，充分利用公司资源完成项目，批准项目组人员计划及变更计划（人），协助业主批准项目预算及修订预算（财/物），批准项目组工作计划及变更计划（进度）。

我们之所以强调有责有权这个问题是因为在现在的行政体系比较强的情况下，很难做到这一点。要做到这一点，可能必须把相应的行政管理弱化，把行政权力按照市场规律进行重新分配之后，项目管理的体系才能够强大起来。但是在我们现在这个时期，行政体系要是真的太弱也有许多困难，因为面对相当一部分的问题，行政体系所起的作用依然不可忽视，依然很重要。尽管我们的市场化率很高，资源交换都是可以市场化的，但是行政体系对市场的干预常常还是需要的、有效的。

最后，项目经理制度是一个基本的管理制度，是管理走向科学化、职业化的重要标志，当然也是我们的设计管理从幼稚走向成熟的重要标志。从现在的情况来看，要建设一支成熟、强大的从事设计管理的项目经理队伍，还需要我们付出艰苦的努力。

设计管理手法

第 3 章

边界管理法

　　中国人在不做工作或不知道做什么工作时，常说那是因为"一个和尚挑水喝，两个和尚抬水喝，三个和尚没水喝"。这句话讲出了一个很重要的道理，即运水这件事，一个人做，他的边界是很清楚的；两个人做，"挑"改成"抬"，手法改变以后，边界还是清楚的；三个人做的时候，边界就不清楚了，不知道自己该不该做、怎么做了。这就提出了问题：边界需要管理！这就是我们要讲的边界管理的重要性。

　　由于重大基础设施规模巨大、系统复杂，我们在开展设计管理工作前不得不把它们拆分开来，分配给不同的单位去承担，因此就会产生一系列的项目边界，怎样设定和管理这些边界，即是项目管理首先要做的工作。

　　我们开展重大基础设施项目的设计管理工作，就如同做任何其他事情一样，首先考虑的是怎么把它分开，因为一个大的事情拿在手上，就像刺猬一样，你是无从着手的。在学校里，管理学专业都会讲"工作分解结构（Work Breakdown Structure，WBS）"这个概念，或者说这个方法。工作分解结构是归纳和定义整个项目范围的一种最常用的方法，是把项目整体分解成较小的、易于管理和控制的若干子项目和工作单元的过程；它把可交付的成果定义得足够详细、足以支持项目未来的活动。而怎样做到分解后足以支持项目未来的活动，这其中要考虑多少因素？这就是我们要讲的边界管理问题。

　　"工作分解结构"是"项目边界管理"的基础，项目边界管理主要讲项目边界的划分和管理推进中要注意的几个问题。一事一物，比如机器，你都可以把它分为各种各样不同的组成部分，同时也有各种各样不同的分法，你可以把它分成多个很小的部件，也可以根据你对其本身的理解和认识，把它分成少数几个不同的块。

　　那么，我们应该如何注意在设计管理中做好边界的区分和管理呢？

3.1　边界要尽可能少，要减少管理者的工作量

　　我们所讲的设计管理的对象是重大基础设施，由于这类项目规模大、子项多、系统复杂，且技术含量高，我们把它拆得过小会大大增加管理的工作量。虽然在管理者具备较强管理能力时，拆得越小越有利于控制投资，有利于把项目控制得更好、更准、更满足项目要求，但是多

数情况下，对于一名职业项目设计管理人员来说，他不应该那么做。因为那样做管理成本会大大增加，所以应该尽可能地减少管理层的工作量。

这里，我们要讲的第一个原则就是：如果有成熟的市场，项目就应该整体发包。所谓成熟市场就是你要拆出来、直接面对市场的这个项目，有 3 个以上承包人这样的有效竞争者存在。

从另一个角度来看，如果我们发现标书发出后投标者众多，就说明我们发的包太小了。过多的投标人，不仅会给评标工作带来过大的工作量，而且意味着降低了对投标人的要求，对项目成功是不利的。

案例 009　　**浦东国际机场二号航站楼的设计**

浦东国际机场二号航站楼的有效建筑面积为 48 万 m^2，作为一个建筑单体，其规模非常巨大（图 3-1），把它拆分为几个相对独立的组成部分，或整体一起发包都是可行的。但是航站楼是一个功能联系密切、流程连续的整体，如果对航站楼还做更细的拆分，就会遇到边界管理上的问题。在浦东国际机场二期扩建工程中我们就是将整个航站楼和航站楼前的交通中心的设计一起委托给上海华东建筑设计研究院设计的。

> **图 3-1**　浦东国际机场二号航站楼鸟瞰图

事实上，国内外能够完整承担浦东国际机场航站楼这么大建筑的设计院是不少的，比如国内的上海民用建筑设计研究院、上海华东建筑设计研究院、北京建筑设计研究院等，都能够对整个项目的土建设计进行总承包。如果你把它再拆开，把主楼和长廊拆开招标，也不是不可以，把门口的停车楼拆开也可以，但是这样会大大增加管理的工作量。实际上，国内某机场就是将航站主楼、候机指廊以及航站楼前面的交通中心拆开了，由不同的设计单位设计，这样，业主原本只要管理一家设计单位就可以了，可以把一部分工作量转移到有成熟管理能力的设计院身上，结果这些工作又回到了自己手上。

在进行项目拆分时，首先要弄清是不是有你所需要的成熟市场，如果答案是肯定的，那么就要尽量大地整合项目，去利用这个成熟市场。我们在施工管理方面也是这样，比如上海建工集团对航站楼这样大的项目有总承包能力，你就没有必要把项目拆得太小，因为拆得太小，就把承包者的管理协调工作量转移到管理者的身上了。

案例 010　　浦东国际机场二期扩建工程的绿化设计

由于浦东国际机场一期工程绿化设计的技术含量并不是很高，加上上海、苏州、杭州等地的园林设计单位比较多，能力比较强，我们就把整个绿化工程合在一起，将设计、监理分别整体发包，这样虽然每个地块的施工单位是不同的，但整体是统一设计、统一监理的，最后效果就很好、很完整。很多专家都说过去没有看到一个项目在工程验收时绿化已经形成了完整统一的风格，并已同时完成。

但是在浦东国际机场二期扩建工程时我们忘了一期工程的经验，没有深入去探究一期工程的绿化为什么做得好，所以我们把二期工程的绿化设计分成许多小项目，跟着每条道路、每栋建筑分别做设计和施工。这样一来，每个地方的绿化风格迥异，树种也不一样，以后维护的工作量也增大了，甚至航站楼前也分成了几块，环境效果当然不好，后来就做不下去了。我们发现了这些问题，首先是管理上出了问题，不是设计方案好不好的问题，是谁在管、怎么管的问题。因为指挥部里面只有一个人在管理绿化设计，而且连设计带施工一起管，他怎么管得了，实际上就是这个人把界面划得太多了，完全超出了自身的管控能力。

找到问题的症结之后，我们就作了调整，重新把浦东国际机场二期扩建工程的绿化统一起来，找了一家总体设计单位，就是上海园林设计研究院。我们把剩下的没有委托设计的绿化项目统一交给上海园林设计研究院做设计，并要求以前已经委托出去的绿化设计项目由各设计院把设计图送上海园林设计研究院审查。也就是说，上海园林设计研究院首先做了一个浦东国际机场绿化的总体设计，然后一块一块审查，补救了之前出现的问题。

这里的补救工作，实质上就是减少之前设定得过多的管理界面。

案例 011　浦东国际机场一期、二期工程的市政管线设计

浦东国际机场的市政管线设计是我们做得比较好的案例。浦东国际机场每一条道路的下面及其两侧都有很多管线，包括自来水、雨水、污水、消防、电力、通信、航管、信息、天然气、供油、供冷、供热等管线。由于道路红线内的管线空间非常有限，如果由不同的单位做很可能就不够用，或造成管线综合的困难，或造成经常挖开道路施工等问题，因此我们一直坚持一个独立区域的道路和所有的市政管线统一由一家市政设计单位设计的原则。浦东国际机场的道路到今天为止没有发现道路红线内管线排不出来的问题。

由于投资体制的原因，如果你不坚持，水、电、气等管线就会分开来做。比如煤气有煤气公司，它们自己有设计、施工单位；水、电也一样。如果这样做下去，最后的结果就不是现在的样子。我们在浦东国际机场做得比较好，所有的道路和市政管线设计都是结合起来由一家设计院作为设计总包完成的，因此，在道路、管线方面没有出大的问题。

案例 012　虹桥国际机场扩建工程的飞行区设计

虹桥国际机场扩建工程的飞行区分两块，一块是扩建的西跑道，另一块是航站区站坪。承担设计工作的单位有两家，西跑道及货运区前站坪、维修区前站坪由中国民航机场设计研究总院承担；航站区站坪由上海新时代民航机场设计研究院承担。

这是因为一些复杂的原因造成的，其实我们是不愿意这样做的，这样做不太好。本来这个飞行区就这点规模，一家设计院完全可以做好，民航院在浦东国际机场承担的规模比这个大得多。飞行区的设计拆分成两家以后，管理工作量非常大，不光是他们两家之间的管理、协调工作量大大增加，指挥部规划设计部的工作量也大大增加，连指挥部领导的工作量也增加了，因为经常要出面协调工作。而且这两家有些工作是分不开的，它们的管线——电力、雨水、供油等都连在一起，并且新时代院是没有供油工程设计资质的。最后我们不得不掐一笔总体设计费用，请民航院来协调。如果完全由指挥部来做总体协调，我们的工作量就会非常大，而指挥部规划设计部只有一个人管飞行区，这样做是不可能的，一定会出问题。

案例 013　虹桥综合交通枢纽核心设施的设计

虹桥综合交通枢纽核心设施由东往西分别是虹桥机场二号航站楼、东交通中心、磁浮车站、高铁车站和西交通中心，整个核心设施主要由三大对外交通功能组合在一起（图 3-2），一个是机场，一个是磁浮，一个是高铁。其他交通设施，包括地铁、公交巴士、出租车、机场巴士以及社会车辆停车楼等都是配套设施，也组合在核心设施里面。其东面形成一个东交通广场，西面形成西交通广场，地铁在核心设施的下面。这个大型综合性设施的设计单位划分，从方便管理和技术合理上来说拆分开为好，可以把它划分成两块或者三块，各由一家单位从下往上做，这样对指挥部来说管理工作量就比较小。

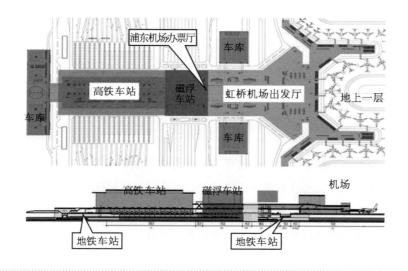

> **图 3-2　虹桥综合交通枢纽核心设施构成**

尽管我们认为垂直切分最合理，但是因为产权关系比较复杂，各投资者都有自己的想法，我们的想法很难实施。由于地铁车站的产权是地铁公司的，东交通中心的产权是申虹公司的，磁浮车站的产权是磁浮公司的，机场的产权是机场公司的，这样大家要共同委托一家设计院是很难操作的。因此当初我们曾建议由申虹公司或者机场建设指挥部统一建设，建好以后再分给各家单位，但最后我们的意见没有被采纳。结果造成地铁车站由地铁公司委托设计，磁浮车站由磁浮公司委托设计，机场由上海机场建设指挥部委托设计，高铁车站由铁道部委托设计，地面公交及东、西交通中心、停车楼等由申虹公司委托设计。这样一来，虹桥综合交通枢纽设计管理的工作量极大，很难管好。当然，最后经过很大的努力，先把大方案和一些比较大的问题都定下来了，然后让各家在这个前提之下开展工作。

这里要说明的是，就机场建设指挥部的能力来说，是不应该拆成这样的，而且建筑本身没有复杂到必须把它上下拆开的程度。比如，东面机场航站楼完全可以交给华东院做，实际上华东院也是做过地铁的，但是因为地铁公司不给他做，我们也没有办法。高铁车站这一块比较好，地铁公司和铁道部都把设计委托给了铁三院，但因为产权关系不一样，由三家单位并行进行设计管理，把问题搞得比较复杂了。

回头想想，这个项目是可以非常清楚地划分为机场、磁浮车站、高铁车站三块的，如果由华东院承担机场和磁浮车站的设计，由铁三院承担高铁车站及西交通中心的设计，即由华东院和铁三院两家单位做下来，是没有问题的。但由于各种各样的原因，特别是多业主、多设计单位的同时介入，把这个问题搞得非常复杂。

3.2　边界的划分要与管理者的整合能力相适应

与前面的问题相对应，要减少管理的工作量，就要把管理的边界划分得越少越好。亦即，如果项目有成熟的承包者，就要尽可能地划大。反过来讲，如果管理者有很好的管理能力，那有些东西是可以拆分的，而且这种拆分对管理者来说是有一定好处的，其最大的好处就是有利于控制投资、降低造价。如果与管理的能力配合得好，可以把管理者的能力发挥出来，这与前文讲到的减少边界似有矛盾，其实这个度完全取决于"设计管理单位内部产生的费用是否超出了签约承包出去所产生的费用"。当然这也与基础设施资产所有者的意愿直接相关。如果设计管理者与设施使用者和资产所有者相结合或配合得很好，就可以使项目做得更加合理，投资更省。

案例 014　　　**上海轨道交通 3 号线北延伸工程的设计**

上海轨道交通 3 号线北延伸工程是上海轨道交通 3 号线从江湾镇站向北延伸到宝钢的工程。管理 3 号线北延伸工程的是上海磁浮示范线的管理队伍，他们做完磁浮示范线以后来做 3 号线的北延伸工程，任务可以说是相当轻松。但我们想做些创新，把事情做得好一些；同时委托我们的是申通集团，它是产权所有者，希望我们做好投资优化。

由于 3 号线北延伸工程最初的投资概算做得比较大，项目一直批不出来，我们就想从业主的要求出发，控制投资，把投资做得省一些。因此在管理团队能力范围之内，我们把这个项目拆分得比较小，把各个车站都拆开，3 号线北延伸段的 9 个车站，一个车站一家设计单位，也就是说每个车站都拿出来招标，最后结果并不是 9 家单位中标，而是 3 家单位中标。另外把 11 km 线路分成 3 段，为什么分成 3 段呢？因为高架设计的技术非常成熟，能做的人很多，分成 3 段以后就能够引起充分竞争，从设计到施工都是这样。此外，牵引供电、信号、轨道、车辆、车辆段、段内建筑等都拆成较小的块。

做磁浮示范线时我们能力不够，因此磁浮项目是整体发包的。但如果把整个 3 号线北延伸工程包给市政院或者隧道院，或者包给上铁院、城建院，它们都做得了，但是总包的价格和我们这样拆开发包做下来是完全不一样的。如果我们拆到这个份上还能够整合好，也就是说这样分块做完以后还能保证好用、高效，那么这样拆开以后引起的竞争一定是非常激烈的。因为这样拆开以后，能够做的人一定比原来更多了。如果你要找一家单位总包，上海只有 4 家，而且其中一家是铁道部的，这四家单位手上的活都很满，引起的竞争是比较小的。拆成这样以后，每个标段都有 10 家以上单位可以做，竞争就会很激烈。这个激烈倒不是完全在设计费本身，而是设计单位必须花很多的精力来优化方案，否则它中不了这个标。

这个项目做完以后，我们把所取得的经验写了几篇论文，总结了我们在车站、车辆段和高架结构方面所取得的重大突破。过去的地铁车站，比如原来的上海轨道交通 3 号线，没有一个车站的投资少于 6000 万元，我们这样做完以后，最便宜的车站只要 600 万元。下面讲功能分析的时候我还会举到这个例子。为什么会动这么多脑筋？就是因为多家设计院在一起工作有竞争、有比较。比如我们的线路结构与莘闵线一样都是高架，莘闵线的高架全线轨道梁是一模一样的，而 3 号线北延伸工程的三段则每段都是不一样的，设计院为了给业主省钱，能用便宜的梁就用便宜的梁，能现场制作就现场制作，跨度能调整就调整。美观方面也是一样，轨道交通 3 号线旁就是逸仙路高架，高架柱子已经做好了，如果按照一张图做过去，高架道路的两个柱子中间就可能插入一个轨道交通的柱子，这样看过去就是一片柱子，景观非常不整齐、很乱。而我们设计的柱子与高架道路的柱子都是对齐的，设计院为此动了很多脑筋来优化方案，所以它才能中这个标。牵引供电、控制系统因为受已有线路的影响，只能一样地做过来，这里面优化做得比较少。

另外一个就是车辆段。车辆段分两块，一块是车辆段本身，我们做了很大的优化，只用了原计划一半的土地。原来的车辆段设计，都是套标准图纸，轨道和轨道间空了很多土地都无法利用（图 3-3）。通过方案比选，设计院把它做到了最好，非常紧凑。比如进段线路不用拉过去，可以折返，节约出很多土地，同时还多做了一个江杨北路车站，多一个车站对老百姓的服务就更好。另一块是车辆段内的建筑，也做了很多的优化。车辆段内有很多专业，通常一个专业就是一座小房子，22 个专业就是 22 幢楼。在宝山车辆段我们就作了改变，一共只盖了 4 幢楼、2 个库，把各专业用房整合在一起，把维修管理部门都放到一个楼里，成本就降下去了，而且配套比较简单，管理也比较方便，最后把土地也节省下来，只需要原来用地的一半（图 3-4）。这在当时引起了很大的震动。后来专家们对其他线路的车辆段审查时就提出了新要求："这么好的土地，不能这么占用，上海轨道交通 3 号线北延伸工程在宝山都没这么占地。"

> **图 3-3** 上海轨道交通 3 号线北延伸工程车辆段标准图设计

> **图 3-4**　上海轨道交通 3 号线北延伸工程车辆段优化设计

案例 015　**上海轨道交通 3 号线北延伸工程江杨北路站的模块化设计**

　　上海轨道交通 3 号线北延伸工程的最后一站为江杨北路站（图 3-5），设计之初是没有这一站的。江杨北路西侧有一大片居住区，原来 3 号线北延伸段进宝钢站后就直接进车辆基地，通过设计优化我们在江杨北路增加了这一站，车辆到这个站后再倒回基地，这样基地的用地就更紧凑合理了。江杨北路设站后这一片的居民出行就非常方便，由于这个站是进基地的站，因此设在地面，建造成本很低。这是一个很有意义的车站，共分三块，一块是轨道、站台，一块是站厅，还有一块就是设备用房，如图 3-5 所示。设计方案明显地把这三块分开，这一分开有很大的好处。车站和轨道脱开，没有架在轨道上，这样站厅就变成一栋一层的房子。设备用房与站台、站厅分开，是两层的房子，而盖一栋两层的房子是很便宜的。我们可以看看 3 号线赤峰路车站，体积很大，因为它的各功能模块是叠合在一起的，轨道一直在振动，为了能减少振动，就要采取抗振防振措施，花费巨大。车站的三大功能模块在江杨北路站是脱开的，设备用房没有和站台、站厅挤在一起，这个站厅也很简单，几百万元就可以建好，乘客进入站厅以后，可以直接进站台，不需要自动扶梯等设备。虽然我们做了两个站台，但其实一个站台就够了，因为这个站是终点车站，车是倒回去的，旅客在一边上下车就可以了，另一个站台在近期不需要使用，以后客流量大了才可能需要用，因此是为将来预留的。如上所述，这个车站就造得非常便宜。

> **图 3-5**　上海轨道交通 3 号线北延伸工程江杨北路站

　　再说说车站门前的站前广场。整个 3 号线北延伸工程，我们为每座车站都设计规划了一个站前广场，为公交换乘设计了站点，为自行车设计了停车场。江杨北路站实施得比较好，其他车站的站前广场规模有小有大。要做成这样的广场有许多体制上的问题，因为按照我国现行体制，做车站只能批车站用地，地铁车站门口这片广场不归车站管，而广场的功能包括公交、自行车、出租车、停车等，涉及许多政府主管部门，实际上是没人管。那么这块地怎么办呢？当时我们在每一个车站前都规划了一个广场，大大小小不一样，由于拆迁费用很高，用地大体上都限定在方便拆迁的范围内。当初我们把这个用地规划（见图 8-3）做好后，去找规划局领导。领导问我们："你这块地如果被做其他用途怎么办？"因为按照我们国家的体制，对我们的制约不多。后来规划局也想做成这个事，因为车站门口的广场太重要了，过去没有这个站前广场，做一个车站就多一个交通拥堵地区。比如 3 号线赤峰路车站被夹在两条路中间，老百姓去车站太困难了，停车也没地方，公共汽车也没地方停，没有办法接驳。为了做成这些站前广场，规划局让我写保证，保证这块地只用于规划的交通功能，我当时毫不犹豫就写了承诺。实际上我当初也没有把握，这块地拿到手上，我可以规划设计成交通广场，但不知道以后别人会做什么用途。现实中有许多这样的广场，后期就被改成了办公楼和宾馆、商店。

因此，从现在运营的情况来看，我们认为江杨北路站做得还是不错的。最终我们把车站的站台、站厅、设备用房和站前广场四个功能模块拆开，然后重新进行整合，发挥了很好的效益。原来申通公司的工程可行性研究将这个车站的投资硬压到 32 亿元，没有人敢接这个项目，交给我们做，最后节省了约 8 亿元，也就是说我们最后只用了 23 亿多元就完成了这个项目，原因就是我们把它进行了拆分。但是为了把它整合好，我们的管理工作量非常大，而且有些地方为了达到目标，必须做一系列的创新。我们在设计管理过程中也出了许多科研成果，发表了一批论文，特别是关于模块化的理论和实践，对现在的工程界影响非常大。后来许多别的城市和上海其他轨道交通线的很多车站也采取了类似的做法。

案例 016　浦东国际机场二期扩建工程航站区设计管理项目的拆分

浦东国际机场二期扩建工程的二号航站楼由华东院总包设计，但行李系统、航班生产信息系统以及站坪的规划设计、旅客流程设计是被拆分出来的，华东院只是参与配合做这方面的工作，原因就是机场建设指挥部对机场的使用要比华东院熟悉得多。如果这些和运营直接相关的项目交给不熟悉的设计院来做，就会造成很多的问题。

当你自己有管理能力，设计管理工作就要和你的能力结合起来，把这个能力充分发挥出来，之前说到设计管理要有专业背景，而机场建设指挥部设计管理的强项就是在这一块。设计院要在每个专业都很强是很难的，一般做不到，所以我们做浦东国际机场二期扩建工程的时候，就把相应项目拆分出来，比如行李系统涉及机械设备的设计，肯定不是华东院的强项，所以就找机械部设计院来做，但行李系统本身的工艺都是我们提的要求，告诉设计院该怎么做，即我们提出明确的使用需求，然后请设计院做设计。如果遇到自己的管理无法胜任的地方，我们就请咨询公司。实际上，浦东国际机场二期工程的行李系统是一家国外公司给我们做了一些咨询分析，特别是定量分析后，我们才交给设计院做的。

航班生产信息系统拆分出来，是由于我们有了浦东国际机场一期工程的经验，了解了航班生产是怎么运作的，而且在国内外市场上，找不到比我们更合适的设计管理者。本来我们请了外国咨询公司帮我们做，但后来发现他们还不如我们，原因就是我们把参与一期工程建设的人派到浦东国际机场运行部门工作了 5 年，再抽调回来研究二期工程这个系统该怎么做，那针对浦东国际机场就可能没有多少人比我们强了。所以承担这部分工作和我们的能力是相适应的。

站坪规划设计拆分出来是因为我们找到了美国的兰德隆布朗公司来做站坪的规划设计工作，他们提供了一个非常满意的成果，而且我们具备把兰德隆布朗与其他设计院的工作进行整合的管理能力。

旅客流程设计拆分出来主要是因为国内设计院在这方面比较弱。通过枢纽战略研究以后，我们针对枢纽流程设计、中转设计等已有一批人做了很长时间的研究，而针对浦东国际机场，恐怕也很难找到比我们更强的人。

所以我们把这些项目拆分出来后，主要是以机场建设指挥部为主来做整合的。

案例 017　**上海磁浮示范线工程设计管理项目的拆分**

上海浦东国际机场至龙阳路站的磁浮示范线是世界上第一条磁浮商业运营线，建设指挥部成立初期并没有专业管理人员，是从机场抽调人员组建而成的，可机场人员并不懂磁浮，那么设计管理工作怎么与我们的能力相适应呢？

这个项目中我们只把轨道系统和常见的技术性设施系统，比如电话、广播以及土建设施等拆分出来自己做。本来我们做轨道系统也是比较困难的，但是在签订协议的时候，德方认为轨道技术本身并不是非常成熟，德方不敢在中国做，所以我们也是没有选择，必须把这个非常重的课题——轨道系统的设计任务背在自己身上。其他工作我们也就没有管理能力了，于是交给了 TISSON、西门子、TRI 三家公司的联合体。TRI 是 TISSION 和西门子两家合资成立的专门做磁浮的公司，由它们来承担其余的设计管理工作是最合适的，主要包括牵引供电、车辆、运行控制这三大块。我们则抽出精力，一心一意来做轨道系统，因为轨道系统很大一块工作是土建，而土建要结合现场实际，这一点我们还比较有优势。当然我们对德方以前做的轨道系统是不能不知道的，工作不能从零开始做起，于是我们自己花了 1 亿马克，德国政府补助了 1 亿马克，一共 2 亿马克，把他们以前在试验线上做的试验数据、失败的材料、知识产权全部买回来。他们做的失败的样品，我们也可以随时去看。我们等于是踩在他们的肩上把自己的轨道系统做出来的，期间还把他们失败过的人请过来当我们的老师。这样，我们慢慢就有了成功的把握，前后花了两年时间终于把这个轨道系统做成了。

完全国产化的上海磁浮轨道系统如图3-6所示。

> **图3-6**　完全国产化的上海磁浮轨道系统

这个例子说明，当我们的能力有限时（做轨道系统已经筋疲力尽了），其他工作就不要自己来管理了，也管不了。也就是说，管理工作要与管理者自己的能力相适应。

案例 018　**虹桥综合交通枢纽设计管理项目的拆分**

在建设虹桥综合交通枢纽之初，我们是想对整个项目建设进行具体的设计管理的，但是后来由于体制的原因，再加上枢纽建设指挥部人员编制非常少，于是就改变了管理模式，把核心设施的建设管理委托给上海机场建设指挥部，把整个地区的市政配套设施建设管理委托给浦东市政处。枢纽建设指挥部一心一意去做土地开发的管理工作，这也是与它的能力相适应的，因为枢纽建设指挥部不让增加人员，它的能力也只能做这些，采用大包大揽委托出去的方法，这也是正确的。

虹桥综合交通枢纽核心设施与周边开发示意如图3-7所示。

> **图** 3-7 虹桥综合交通枢纽核心设施与周边开发示意

3.3 边界的划分要与管理对象的实际情况相结合

在进行设计任务的边界划分时应结合管理对象，即咨询公司、设计院的实际情况，特别要注意以下三点：

（1）市场法则不适合同一设计院（集团）内部；

（2）不要让人去做他不擅长的工作；

（3）不要"拉郎配"。

案例 019 浦东国际机场二期扩建工程航站区设计划分中遇到的问题

这是一个教训。浦东国际机场二期扩建工程中，由于华东院隶属于现代建筑设计集团，我们把航站区交给华东院做设计后，就同意华东院把航站楼前的市政道路转包给其集团内的市政设计院；把航站区绿化设计转包给同一集团内的园林景观院。本以为这样工作结合起来后有利于减少管理界面，我们的管理应该更方便了，因为许多问题可以在它们内部协调好，看起来是满足了我们前面讲的第一条原则。但是实际上这带来一个很大的麻烦，因为在设计集团内部，市场法则是不适用的。当华东院把道路转包给自己集团内的市政院，把绿化转包给景观院后，华东院就已经不能管理了，这比交给集团以外的市政院和园林院还难以管理，因为它们之间互不通气，而又没有人能去管它们兄弟之间的事情。可能有人会说集团的领导应该能管吧？其实不然，为什么呢？因为集团没有管的工具，在集团内部这些设计院都是独立的，都有自己的生产链，都是独立法人。如果集团领导靠行政力量去指挥，领导就必须天天坐到现场去，但这是不可能的。

这里要说明的是，设计管理者要分析设计院这个对象内部的具体机制，看其管理是怎么操作的，才能决定该怎么划分任务给它。

案例 020　　浦东国际机场二号航站楼行李系统的设计划分

浦东国际机场二期扩建工程航站区（图3-8）的设计总承包单位是华东院，刚开始的时候我们是把行李系统（图3-9）的设计也划分给他们的，后来才发现他们根本不会做。于是我们急忙赶在设计合同签订前把这部分内容从华东院手中拿了出来，避免了一次失误。

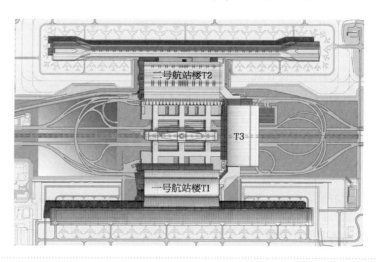

> **图 3-8**　浦东国际机场二期扩建工程航站区设计示意

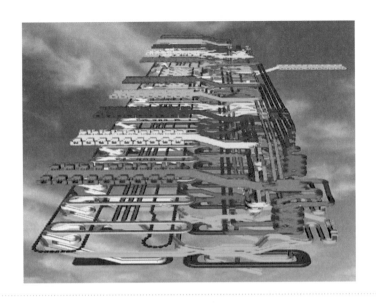

> **图 3-9**　浦东国际机场二号航站楼的行李系统示意

这个案例说明，千万不要让人去做他不擅长甚至根本不会的东西，如果这样划分界面，就会有问题。

案例 021　　**虹桥综合交通枢纽设计划分中遇到的问题**

在虹桥综合交通枢纽的核心建筑中，主要有两大设计院承担设计工作，一家是华东院，一家是铁三院。我们有的领导本能地就想到，如果由华东院牵头总负责，促成华东院与铁三院的合作，岂不是最佳选择吗？于是指挥部就让他们合作做，但是后来没法进行下去，等于是"拉郎配"，结果他们合不到一起。

我们设计管理主要管理设计院和咨询公司，要分析他们能否合作好，必须充分了解管理对象的情况。其实它们也不愿做自己没有能力做的事情，比如说像航站楼的行李系统，华东院就很愿意将其拆分出去，它做不了的项目，你硬给它，它只会更无奈。如果把华东院管不了的铁三院交给它来管理和合作这也是无法做到的，它也许更无奈。

3.4　边界划分要与建设管理、运营管理、资产管理相结合

前面讲合同管理的时候，我们已经提到这一点，即在划分设计界面时要考虑资产管理和运营管理，要考虑以后的事情。设施和系统的划分时遇到这样的问题最多。

案例 022　　虹桥综合交通枢纽能源中心设计管理划分

虹桥综合交通枢纽三大对外交通设施可以设三个能源中心，那我们怎么做到将设计边界划分与建设管理、运营管理、资产管理相结合呢？如果我们把三个能源中心放在一起招标，就会很难回答怎么管的问题，也就是说放在一起是不方便管理的。因此三个能源中心不能做成一个，哪怕能源中心越大越节能，我们也无法做成一个。当然三个也不能做成一样的，因为每个能源中心的业主不一样，其管理方式不一样，自然对能源中心的设计要求也不一样。从资产管理方面考虑也是这样，三个能源中心，一个专供机场，一个服务于磁浮车站和东交通中心，一个属于高铁车站。不是说技术上不能做成一个或是绝对分不开，而是如果要做成一个能源中心，就必须和三位业主事先谈好所有设计和今后运营维护的问题，且必须确认这些都是可以解决的问题，比如怎么计量、怎么分担运营成本等，而这些问题在短时间内是不可能解决的。同时，还

> **图 3-10**　虹桥综合交通枢纽能源中心示意

因为三家的建筑设计标准是不一样的，如机场航站楼内的空调和铁路车站内的空调其技术标准就是不一样的，所以我们最后采用了这三个能源中心各自设计、建设和运营管理的方案。虹桥综合交通枢纽能源中心如图 3-10 所示。

案例 023　　上海磁浮示范线 110 kV 变电站的管理

上海磁浮示范线项目建设的时候，市电力局要求把变电站做成 110 kV 的。一开始我们把设计单位都找好了，但是后来发现我们的管理单位没有一个有管理 110 kV 高压变电站的资质，如果要去拿这个资质得花很长时间，而且管理的要求比较高，管理的成本也比较高。自己养一支队伍只管一个 110 kV 变电站肯定不合算。设计资质方面，能做 110 kV 变电站的单位没几家，都是电力系统的。所以我们最终决定把设计和管理都交给电力局，也就是说我们投资、电力局去建，以后委托给电力局管理，产权算谁的都可以，甚至磁浮公司每年向电力局支付管理费都可以。最终我们通过招标将 110 kV 变电站的日常维护管理工作交给了上海闵行电力实业有限公司。

这就说明，对一件事情如果我们没有能力就不要管。如果以后也不会有这个能力，那就尽早找到未来的管理者，结合以后的体制来确定方案。

案例 024　　轨道交通项目的拆分

我们在做深圳轨道交通 3 号线策划咨询的时候，推荐业主方把车辆和车辆维修基地上市。在他们确认此方案后，我们就把车辆和车辆维修基地的设计和建设都拆分出来，从而一开始就为今后的资产管理和运作留下了操作上的可能性和便利性。

案例 025　　设备和系统的采购

在浦东国际机场等重大基础设施建设中，设备和系统的采购也需要与设计管理的界面相一致。为了从市场上获取最佳利益，我们会将相同和相似的设备统一采购，但在设备统一采购前，必须要考虑今后管理、运行、资产上的拆分要求。虽然统一采购大量的设备价格会比较便宜，批量越大越省钱，售后服务也越好，但是如果在管理上、资产上考虑不周，就会带来许多麻烦。所以一定要清楚哪些设备属于哪些项目，数量多少，备品备件多少，到货周期怎么样等；售后服务也要安排好，因为不是所有设备都是要求一样的售后服务的，有些甚至不需要售后服务。

如果处理得不好，这些统一采购的设备和系统，往往就会成为我们资产移交时的最大障碍。

3.5　边界的划分也会影响管理机构的设置

设计边界的划分与设计管理机构的设置是紧密相连的，应该相互对应起来。或者倒过来说，当机构设定完成以后，划分边界时也要考虑已有的管理机构的分工和人力资源的实际状况。要非常清楚自己的设计管理机构有一些什么样的人，这比你有一些什么样的机构也许更重要，你有什么样的人去管，你的边界就应该怎样划分。

案例 026　　**上海机场建设指挥部的管理机构**

上海机场建设指挥部里面有信息部、设备部，以及航站、飞行、货运、配套四个工程部，我们作设计项目划分时就考虑了这些部门的设置，是对应它们分为 6 块加总体规划一共 7 块来设置的，设计项目的发标也是和这个设置相对应的。我们从来没有一个项目由两个工程部来管的恶劣状况，如果出现这种状况会很麻烦。内部的管理人员也是一样，一件事情两个人管，一定会管不好。当然如果这两个人是一个为主、一个为辅的 AB 角，就是另外一回事了。

案例 027　　**上海磁浮示范线工程建设指挥部的管理机构**

上海磁浮示范线工程建设指挥部是在建设过程中逐步设立总工办、设备部、运行控制室、牵引变电室、车辆室、安全评估室以及工程一部、工程二部这些机构的。指挥部当初只有总工办，后来分出设备部，再后来，人员多了，工程开始在现场实施，就相应地有了上述这些部门。这个过程是倒过来的，先把工程招标确定，然后把这些部门和原来发标的内容对应上，这些部门又和以后磁浮公司的发展方向相对应。最后运行控制、牵引变电、车辆、安全评估这些机构都成为国家磁浮交通工程技术研究中心的研究部门之一（参见案例 007）。

案例 028 | **虹桥综合交通枢纽建设指挥部的管理机构**

虹桥综合交通枢纽建设指挥部的管理人员比较少，它把主要两块核心设施的建设管理都委托出去了（参见案例 018），部门的设置就比较简单，由总工办进行整个技术方面的协调，开发部负责土地的规划和开发，工程部负责工程期间的协调，计划财务部负责资金管理，再加上综合行政管理部门办公室，一共只有这五个部门。

第 **4** 章

风险管理法

　　设计管理首先应该把边界管理好，边界管好以后，接下来就是要控制好风险，我们处在设计管理者的位置上，不能让风险管理这件事做不好。虽然每一个管理层面都有不同的风险控制任务，比如对整个机场项目的风险管理和对航站区、飞行区的风险管理的目标既有相同的，又有不同的，但无论如何，首先应从大的层面上研究到底存在什么样的风险，怎样控制。

　　设计管理中的风险是指工程项目在设计、咨询过程中可能遭遇的损失和可能给将来的项目实施及项目运营带来的损失（如安全、质量、成本、进度等方面）。这句话后半句的意思是不仅仅要考虑设计中的风险，而且在工程施工和运行中可能遇到的风险都要考虑到。因为运行中的风险可能带来更大的经济损失，如果设计给后面运行带来的成本很高，我们认为这也是很大的风险。设计管理中的风险管理就是运用各种手段将上述风险消除或控制在可接受范围之内。没有风险是不可能的，我后面还要讲到科技创新的问题，适当合理的风险，应当承担的还是要承担。如果一点风险也不愿意承担，你就不要做了，照着原来的样子抄下来就可以了。

　　关于风险管理，教科书上有完整的理论体系，比如识别风险、评估风险、应对风险、监控风险等一套办法。我们可以很容易从书上学习这些理论，但是运用这些理论是很难的，难就难在"风险识别"上。从书本上或者听别人说风险管理、风险控制都不难，难就难在你根本不知道风险在哪里，只有通过经验积累和在教训中才能掌握这些技能。

　　当然这些经验和教训不一定要是自己的，从别人做过的事情中也可以学习，从而获得这些经验教训。如果什么事情都要自己摔一跤才明白，那也太笨了，这也说明了案例学习的重要性。

案例 029　巴黎戴高乐机场 2E 航站楼的大厅吊顶设计

　　巴黎戴高乐机场 2E 航站楼的大厅吊顶设计，反常识地将室内吊顶做得很重。该吊顶设计为在钢结构屋盖下很小的距离内吊起钢筋混凝土板。建筑师争取了一个少有的建筑效果，但是，由于混凝土板太重，且与屋盖之间的安装空间太小、不便安装等原因，最终发生了大面积坍塌的重大事故（2004 年 5 月 23 日）（图 4-1）。

> **图 4-1**　巴黎戴高乐机场事故现场

案例 030　**浦东国际机场一期工程建设的风险识别**

　　1996 年浦东国际机场一期工程建设的时候，日本专家为我们做了一个花 7~8 年把浦东国际机场建好的计划，而工程总指挥接到市政府的任务是最多用 4 年时间把机场建好，也就是明确要求 1999 年底要开航使用。总指挥接到这个任务后，日本专家告诉他这个任务完不成，他私下问我，为什么日本人说不行？我们哪里不行？我当时说了四个不行的理由：第一是地基处理，如果按照日本的地基处理方案或者说是传统的地基处理方案，用堆载预压的方法，至少需要花费 3~4 年。如果光地基处理就要两年以上，还要一年以上的时间动拆迁，这样后续飞行区的建设是来不及的。第二是航站楼的钢结构非常复杂，一年绝对无法完成，因为这不是靠"人海战术"拼劳动力的，这是一个一个放样做出来的，无法批量生产，没有技术能力和时间根本不行。浦东国际机场一期工程起初设计的钢结构立面是曲线的，曲线就意味着和关西机场一样，每一榀屋架都是不一样的。第三是行李系统，行李系统设计周期最快也要半年，生产周期最快也要一年。关键是行李系统不设计好土建设计就无法确认，也就无法开工。第四是信息系统，这是最难的，中国之前没有做过这么大的机场，怎么用都不知道，让别人怎么给你做信息系统？所以如果不花很多的时间去研究，怎么做得了这个系统，而且它也有生产周期的问题。所以这四个问题哪一个不解决，建设任务都完成不了。

后来，总指挥盯着这四件事，改变地基处理方法，采用强夯，8个月就完成了地基处理。

钢结构方面，总指挥和我一起去关西机场看，我说这种曲线不好，要从远处、从特殊的角度才能看出曲线，一般是看不出的，因为建筑体量太大，看不见完整的立面，没有几个地方（角度）能够让老百姓看出直线和曲线的区别，而且这一屋面曲线即使从看得见的地方看，样子也并不好看（图4-2）。回国后，总指挥就下决心，把每一榀屋架都做成标准的，屋檐立面呈直线。后来，还为屋架整体滑移做了科研攻关，利用4个一组拼装好的模块一个一个移进去，把工期省了出来。这样，钢结构屋盖用一年多时间就完成了。

> **图4-2** 日本关西国际机场航站楼的曲线

行李系统采取的是花钱的办法。好多方面，设计不定，生产不定，土建施工是不能进行的。等这些做完了，再浇筑混凝土结构一定来不及，反过来如果土建工程做完了，而行李系统是什么样都不知道也不行。我们的办法是采用大跨度空间，并每隔1m为行李系统的安装留一个预埋件，这样通过花钱把时间"买"了回来。

在信息系统方面，我们采用的方法到今天还是有很多人质疑。当初因为时间上来不及，我们就把柏林机场的信息集成系统照原样子买了下来（参阅案例035）。

说到风险管理，我认为识别风险是很重要的。但怎样去识别风险，却没地方教这个。我也认为这需要一个经验教训积累和感悟的过程，很难用形而上学的办法讲清楚。这里我谈几点体会。

4.1　分散风险

分散风险，简单点说，就是不要把风险集中在同一个地方或同一个时间。

案例 031　磁浮轨道双跨连续梁的风险分散

上海磁浮示范线工程中，德国专家曾说他们做的磁浮轨道失败的原因就是轨道梁太软了，梁长了以后中间挠度就大，而磁浮轨道的精度越高，车里面的环境越舒适。为了减少挠度，德方建议采用双跨连续梁，这么一做，梁重就会达到 350 t，太重了。同时期上海市建设的共和新路高架吊装了一根 130 t 的梁，报纸专门在头版头条进行了报道，听到这个消息后，我们知道如果每天要吊 9 根比这高架梁大得多的磁浮轨道梁会有很多困难。最后我们组织了一系列科研攻关，把磁浮轨道从中间断开，而依然能满足刚度要求。其实，磁浮只要求轨道梁 X 轴方向上变形小，Y 轴方向上变形要求不是那么高。于是我们发明了一种连接方法和部件，结合预应力张拉把两根梁在 X 轴方向上连接起来，在 Y 轴方向是放松的，这样就可以在工厂里做成两段梁，再到现场把它们连接起来。这就是磁浮工程的两个关键专利之一（一个专利是轨道梁的连接，另一个专利是可调支座）。有了这个专利以后，我们的风险就分散了，原来由于是一根大梁，技术、生产、运输、进度的风险都集中在这根梁上，如果我们不把它分开，不仅来不及生产，即使生产出来了也无法解决运输吊装问题。

讲评：其实很多的问题都是从技术上解决的，首先从技术上把风险拆分开。在这个案例中，我们还通过生产工艺上的突破把现场生产不易达到高精度的风险拆分到厂房里去了。

案例 032 | **浦东国际机场二号航站楼旅客捷运系统**

我到浦东国际机场二期扩建工程建设指挥部的时候，二号航站楼已经开始打桩了，但是二号航站楼旅客捷运系统的方案还没有定，其实还没有研究过，根本就没有说法。我立刻决定把捷运系统从航站楼的地下室中拿出来，放在长廊和主楼中间，脱开航站楼的地下结构（图4-3）。这样的好处是，当前不用详细研究这个旅客捷运系统，可以集中精力去把航站楼搞好，等有时间后再来研究它，否则在建航站楼之前，就必须把捷运系统全部排定，要不然这楼不能建。但是如果采用什么样的车、什么样的制式都没有确定前就建这个系统的土建设施，不能保证以后捷运系统好用，搞不好车可能都进不去。因此把捷运系统脱开以后，就把捷运系统所带来的风险与航站楼分离开了，而且由于这样一分离，捷运系统本身的风险也不存在了。有时候风险本身就是因为项目叠加而产生的。

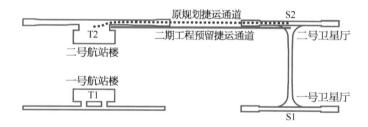

> **图4-3** 浦东国际机场二号航站楼旅客捷运系统示意

案例 033 | **浦东国际机场二期扩建工程的建设进度**

浦东国际机场二号航站楼的主楼与卫星厅在国际方案征集的时候，是准备同时建设完成的，而事实上如果两个项目同时做，给我们的200亿元投资是不够的。所以我们拆开风险，先建主楼，理由很简单，因为旅客量是线性增长的，而设施满足旅客需求的能力是成阶梯状向上增长的，这样我们就把财务风险也分拆了，投资可以分期到位，因此建卫星厅的钱不必现在到位。也就是说，把风险可以拆分在不同的时间和空间去解决。带卫星厅的浦东国际机场二期工程如图 4-4 所示。

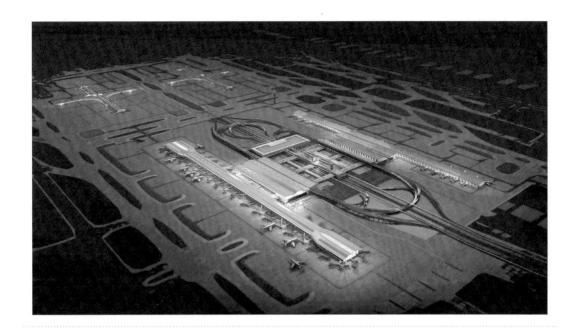

> **图 4-4**　带卫星厅的浦东国际机场二期工程示意

讲评：案例 032 是把捷运系统的风险拆分到另一个空间去解决；而案例 033 是把卫星厅建设的财务风险拆分到另外一个时间去解决。把这几个方案确定好以后，浦东国际机场二期建设的进度就有了保障，进度的风险就没有了。

案例 034　**虹桥综合交通枢纽的方案调整**

虹桥综合交通枢纽的早期方案是把所有的轨道，包括高铁的、地铁的、磁浮的都南北向布置，都放在地面上，把旅客的活动层面都架到轨道上，地下只有一个很简单的旅客通道。由于上海地基条件差、地下水位高，地下建筑造价非常高，这样的设计可以在投资上节省，在运行管理上方便，而且地下设施所带来的投资、施工、安全和运营上的风险非常小，在结构、防灾、工程进度上的困难也会减少，各类风险都可以降到最小。

　　但是后来方案改成把地铁放下去，把地铁站厅放下去，地下结构做得很深，有些地方的基坑深度都超过了 30 m。这样的方案导致所有的风险都增加了，包括投资、运营、进度、结构安全等方面，给我们的压力很大。有的领导坚持把地铁放下去的理由是：旅客可以就近换乘，实现所谓"零换乘"，机场的旅客往下走就是地铁，高铁的旅客往下走也是地铁，听起来有一定道理。我们反对的理由是：与乘电梯或者自动扶梯上下换乘相比，旅客宁愿水平多走一点路，有些旅客宁愿拿着行李水平行走 500 m，也不愿意垂直上下 50 m，因为拿着行李垂直走很困难；而且垂直换乘都是要靠设备解决的，难度大、成本高，投资上、运营上、安全可靠性上，水平换乘都优于垂直换乘。方案定成现在这样，造成工期紧张、安全风险大、运行期间防灾难度大等很多困难。

　　设施中原来有一条河穿过，既可以改善枢纽地区的景观和环境，又可在将来利用河道开通水上巴士。但是因为地下设施太多、规模太大（达到 50 万 m² 左右），安全风险也就很大，万一有恐怖分子放炸弹就会非常危险。于是我们又花了很大代价把河道移出了枢纽区域（图4-5）。

> **图 4-5**　虹桥综合交通枢纽规划设计中的河道变迁

　　最终实施的方案是把很多可以分散的风险都集中到了一起，但愿以后旅客用的时候方便，要不我们这样做是很不值得的。

4.2　使用成熟技术

我们讲的设计管理的对象是重大城市基础设施，是很复杂的工程，到处都用新技术是很困难的，因为所谓新技术，就意味着没有用过、有一定的不成熟性、带有一定风险。

浦东国际机场一期工程中一次调试成功率在 95% 以上，主要得益于我们设备采购所定的原则：使用成熟技术。所谓成熟技术，我们定义为在其他机场使用过的技术，而且还要求有 3 家以上厂商生产的产品可供选择，这样就能引起有效竞争。这一原则使我们采购的很多成熟设备大规模集合在一起时风险就少了很多。由于机场各系统的耦合程度高，牵涉面会很广，如果不坚持这一原则，一两个新技术出问题，风险就会大大增加，因为风险的增加是呈指数型的。

案例 035　　浦东国际机场一期工程信息集成系统的采购

浦东国际机场一期工程采购的信息集成系统是德国的 UFIS 公司做的，当时竞争的还有 IBM 公司和优利公司，三家竞标，竞争非常激烈，最后剩下 IBM 和 UFIS 公司。IBM 提出了一个很好的设想，就类似于浦东国际机场二期的集成系统，其原理就是不管有多少信息系统，它用一个中间件来解决所有系统的集成和信息交互问题。这个技术在一期工程时还没有，IBM 认为它是有把握开发出这个技术的，并提供了一些资料来证明，而且 IBM 在硬件配置等各方面都比较好，报价只比 UFIS 多了 500 万元人民币。而 UFIS 提供的是德国柏林机场已经使用的一套比较成熟的系统，最后我们让 UFIS 中标了。当时 IBM 全球总裁来见总指挥，说他们想不通，为什么我们明知道 IBM 的东西好，还是要选择 UFIS，问我们真的是在乎这点钱吗？我们回答说，如果我们到店里买西服，一家店里介绍他的西服如何如何好，并且还为你画了一套设计表现图；另一家店里是已经有成品做好放在店里，但是不如那家店画得好，那你也许会买画西服的那家，等他去做，而我们决定买另一家已经做好的西服。IBM 总裁听后说："我明白我们输在什么地方了。"

这个道理就是我们要采用成熟技术，因为安全性高、风险小。事实上这是我们国家第一次在机场使用大规模的信息集成系统，很多人认为做不成，但我们做成了，使用效果还可以，而且是在通航时就用上了。这个系统虽然在具体使用上还有很多缺陷，但回头看，它对我们浦东国际机场提高效率起了很大的作用，为我们二期工程能够采用更好的技术打下了基础；同时通过这套系统的使用，我们还培养了一大批优秀人才。

4.3　使用有经验者，包括成功者、失败者

使用有经验者的目的就是要控制质量风险。有经验是有很大好处的，当然这里的经验既包含成功者的经验，也包含失败者的教训，都是有益的东西。

案例 036　｜　**基坑围护工程的直接委托**

浦东国际机场、虹桥国际机场和虹桥综合交通枢纽的基坑围护工程都是直接委托的，因为这些项目的地下工程规模都很大，且工期紧张，容易出安全事故，而对于这类重大工程绝不能出影响极大的事故。另一方面，从技术上来说通过标书很难准确判别建设单位的实力强弱。为了把风险降到最低，我们的办法就是使用有经验、有承受能力的施工单位，因此我们基本上都是采用直接委托的方式选择施工单位。

案例 037　｜　**浦东国际机场东货运区设计单位的选定**

浦东国际机场东货运区的设计是由国内一家著名设计院做的，但这家设计院对这类大规模的货运区设计其实不熟悉，做得很困难，遇到很多问题。也不是说这家设计院没做过货运区，小的货运站他们也设计过，但对这种大的货运区没有经验。而且我们还对货运区提了很多高标准、新要求，比如有些设备暂时不到位，以后再到位，这种要求比所有设备都到位更难设计。后来浦东国际机场西货运区设计，我们就找了中元国际工程公司（原机械部设计研究总院）做，因为这是国际上最大的货运区，中元国际虽然也没有做过这么大的，但是相对比较大的货运区他们做过，浦东国际机场一期工程、广州白云国际机场、北京首都国际机场的货运站都是

他们做的，其他设计院没法跟它竞争，所以我们就决定采用成熟的、有经验的设计单位做。浦东国际机场东货运区总图如图 4-6 所示。

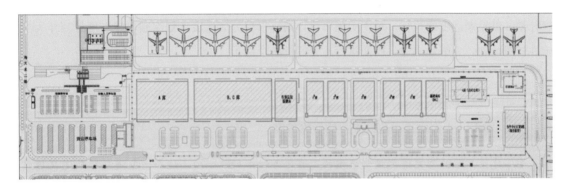

> **图 4-6**　浦东国际机场东货运区总图

4.4　要制订详尽可行的实施计划

制订详尽可行的实施计划是控制进度风险最根本的手段。通过制订进度计划，可以确定工程实施关键线路、主要控制性节点；可以指导工程招投标中的标段范围和数量的划分，明确施工单位进场时间；可以合理安排施工工序，增加交叉和搭接，优化缩短总工期；可以分析找出工程主要矛盾和风险，及时研究应对措施。

一个好的实施计划，总是能很好地反映事与事的逻辑关系，人与事的责任关系，人与事在时间、空间上的关系，因此，计划一旦做成，每个参与的团队和个人就都能知道自己的责任和计划中的时、空关系，这是项目管理的核心和纲要。事实上，一个好的计划预示着一个项目的成功。利用现代信息技术，一个科学的计划还能减少管理的中间层次，提高管理效率，大大提高透明度。

大型建设项目的进度计划是一个系统工程，其编制也是一个逐步深化的过程。在不同的时间，针对不同的项目应编制不同深度的进度计划，通常可分为总进度纲要、总进度规划、分区进度计划和单体进度计划等四个层面。

　　进度目标论证之后，就会形成总进度纲要。总进度纲要是轮廓性的，供最高层领导者把握和控制。将总进度纲要中各项目按阶段进行划分，形成较细的工作分项，就可编制出总进度规划，这是指导性的。进一步按照分区，将总进度规划中各工作分项进行分解，就可编制分区进度计划，以控制进度的执行。对于实施单位，则应根据分区进度计划编制单体进度计划作为实施性控制计划，分解到工序，以便执行。我们举两个例子。

案例 038　　上海磁浮示范线工程的形象进度

　　磁浮建设工程的形象进度编制采用的工具是 Excel（图 4-7）。这个形象进度跟轨道交通结合起来，因为轨道交通是一条线，磁浮的形象进度图的基本构成就是一条线，从磁浮龙阳路站到机场和维修基地形成一个系统。另一个轴是时间轴，将龙阳路站、轨道、机场、维修基地分成若干块，以轨道梁为例，架梁时间和前后关系一目了然。项目中每个人的电脑里都有这个形象进度表，每个人都可以在这张表里找到自己的工作进度要求，哪个地方接得不顺，就说明这里的工作交接有问题。这个形象进度表，可以细致到每一天要架几根梁都知道；如果没有完成，就需要动态调整以后的进度。其他各个项目细致到左侧梁、右侧梁、锭子怎么铺设，都可以表达得清清楚楚，一直到运行调试准备阶段，都表达得非常清晰。每个人电脑里的进度表，

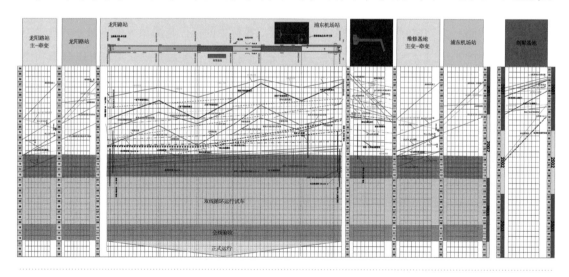

> **图 4-7**　上海磁浮示范线工程形象进度示意

可以告诉他前后的工作关系，一个人完成工作后交给另外一个人，这些在进度表里都表达得非常清楚。我们有很多编排进度的工具，但其实排进度不在于工具本身，最重要的是把项目的内在关系研究透。

案例 039　**浦东国际机场二期扩建工程总进度纲要**

同济大学帮助浦东国际机场二期扩建工程指挥部编制的浦东国际机场二期扩建工程总进度纲要中，首先对工作分解结构进行定义，以明确编制思路。工作分解结构从以下三个方面考虑：

（1）项目结构。通过工程项目的分解，我们将整个浦东国际机场二期工程项目划分成较小的相对独立的单元，可以更容易、更准确地给出项目的各种安排，以便进行进度控制。第一层面可划分为飞行区工程、航站区工程、综合配套工程和西货运区工程等四部分。

（2）工作阶段。为了能更全面和准确地反映各个阶段的工作内容，需要合理地划分工作阶段。工作阶段的划分不能太粗，也不能太细。太粗会造成工作内容的含糊或遗漏，太细则会使计划变得过于复杂，反而不一定准确。经过分析，确定的工作阶段依次为：设计阶段、招标/采购阶段、制作阶段、施工/安装阶段和动用前准备阶段（表4-1）。

表 4-1　浦东国际机场二期扩建工程工作阶段划分

项目结构	设计阶段	招标/采购阶段	制作阶段	施工/安装阶段	动用前准备阶段
航站区工程	◎	◎			◎
飞行区工程	◎		◎		◎
综合配套工程	◎	◎		◎	
西货运区工程	◎	◎		◎	

（3）工作部门。浦东国际机场二期工程建设指挥部的组织机构按照矩阵式组织模式进行设置，按条设置的职能部门包括：计划财务部、信息部、总工办、规划设计部、设备部、航空部、组织人事部和办公室，按块设置的工程部门包括：航站区工程部、飞行区工程部、综合配套工程部、能源工程部和磁浮车站项目部，共13个部门。

在完成进度编制的基础工作之后，将数据输入计算机，就可以绘制出进度计划的横道图和网络图。同时，可以确定出工程的主要阶段目标、关键性控制节点和关键线路，指导工程进度的实施和控制。表 4-2 就是根据总进度纲要确定的二期扩建工程主要阶段目标。

表 4-2　浦东国际机场二期扩建工程主要阶段目标

机场工程	年度目标
航站区工程	2004 年：完成场地准备，开始打桩； 2005 年：完成航站楼主体结构，开始钢结构吊装； 2006 年：完成钢结构、屋面及大部分幕墙施工，开始各系统设备安装施工； 2007 年：完成设备安装调试和装饰工程，工程竣工和初验
飞行区工程	2005 年：完成第三跑道大面积施工前三通一平的准备工作； 2006 年：完成航站楼站坪及第三跑道地基处理，航站楼站坪、第三跑道场道工程及助航灯光工程开工； 2007 年：完成航站楼站坪工程、第三跑道及航管工程、航油工程竣工初验完成
综合配套工程	2005 年：运营指挥中心、能源中心、5♯35 kV 变电站、航站区立交及地面道路、东西货运区通道、东工作区道路、东工作区雨污水泵站开工，南进场施工便道完工； 2006 年：5♯35 kV 变电站受电、东西货运区通道完工，围场河及环场路工程、南进场道路开工； 2007 年：运营指挥中心、能源中心、4♯35 kV 变电站二阶段、5♯35 kV 变电站、南进场市政道路、围场河及环场路工程、生产辅助及行政生活用房、磁浮车站宾馆完工
西货运区工程	2005 年：完成 4.57 km² （第三跑道、西货运用地）征地动迁、规划及扩初设计； 2006 年：西货运区工程开工、完成 3.49 km² 征地动迁； 2007 年：西货运区工程竣工验收

通过同济大学编制的浦东国际机场二期扩建工程总进度纲要，指挥部明确了二期扩建工程实施过程中的逻辑关系，论证了总进度目标的可行性，也确定了工程的主要阶段目标、关键性控制节点和关键线路，为进度的动态控制提供了科学、有效的依据，为最终总进度目标的实现奠定了基础，达到了每个部门的领导都知道自己什么时候该做什么事，什么时候该完成什么工作的目的。同时总进度纲要非常贴近工作实际，没有完成是谁的责任很清楚，减少了很多部门之间的摩擦。

案例 040　虹桥综合交通枢纽的工程建设计划和运营准备计划

虹桥综合交通枢纽的进度管理不仅仅包含工程设计与施工期间的进度管理，还一直做到了运行准备期间。我们讲项目策划要包括全生命周期的策划，所以进度管理也就要包括运营准备期间，当然近的可以细一点，远的可以粗一点。进度管理策划的主要目的就是在进度与进度之间建立逻辑关系，比如说，这块工作做完了，下一步应该做哪项工作，中间需要有多少时间衔接，或者说哪个工作的进度受到影响推迟了几天，某些其他的工作也要相应地推迟多少时间，建立这样一种逻辑的关系。

虹桥综合交通枢纽工程由于项目比较大，进度要分层面控制，不能同样地对待所有的进度节点，要弄清楚哪些是关键性的节点，哪些是属于总进度需要控制的，哪些是分块需要控制的，并把这些控制节点分级、分项建立起不同的控制层面。虹桥综合交通枢纽项目进度计划体系如图 4-8 所示。

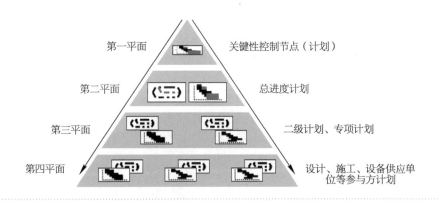

> **图 4-8** 虹桥综合交通枢纽项目进度计划体系

建立进度计划的一个重要前提就是工程本身的工作分解结构（WBS），不先把工作理清楚，制订进度计划的工作也做不好。在做虹桥综合交通枢纽工程进度策划的时候，我们先把工作分解结构作了梳理（图 4-9）。

虹桥综合交通枢纽的总进度目标是 2007 年上半年具备施工条件，2009 年底基本完工，2010 年 5 月之前要投入使用。我们把这个条件交给了进度制订策划小组，在这三大目标的前提下，把进度全部策划出来。最早是设计进度，后续是工程施工进度，再后面是竣工验收的进度，把这些都做出来后就做运营准备和开通运营的进度。结果，我们做了许多本厚厚的进度计划，并且在项目进行中每半年修订一次，每周有周报、每月有月报（图4-10）。

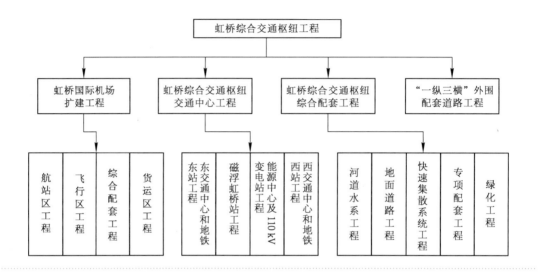

> **图 4-9** 虹桥综合交通枢纽的工作分解结构（WBS）

> **图 4-10** 虹桥综合交通枢纽的各种进度计划示例

讲评：进度计划非常重要，是控制工程的首要工具，而且计划不要怕细，如果逻辑关系搞清楚了，越细越好。越细就对每个人都有约束关系，粗的进度往往是没有保障的。

第 5 章

生命成本法

项目的投资者（业主）往往非常关注项目的投资，把投资作为考核建设工作的重要内容之一。但是建设管理者的首要任务是建成项目，然后把项目移交出去，任务就完成了，因此建设管理者往往会忽视项目的运行成本。大型建设项目有专门的建设单位，与运行体系相对脱离，甚至会出现比较极端的情况，如为节约成本，业主经常公布许多奖惩措施，以至于会出现建设成本降下来了，但建完后运行成本大大提高的现象。重大基础设施具有生命周期长、运行成本高的特点，从整个项目生命周期来说，我们不仅要考虑建设成本，还要考虑运行成本。因此，必须以追求项目全生命周期成本最小为原则开展设计管理工作。

5.1 项目的全生命周期成本

项目的全生命周期成本主要分为三块，包括购置成本、运行维护成本和废弃成本（图5-1）。

项目运行维护成本包括的内容比较多。对重大基础设施来说，正常的运行成本主要有三块，一是能耗成本，二是人力成本，三是维修养护成本，比如轨道交通、磁浮和机场等都是零部件维修费用、人员费用以及水电气费用占运行成本的大部分。我们往往不是特别重点考虑废弃成本，但是未来这方面可能也是很大一块内容，而且我们国家正在执行的环保、减排等政策对其影响也很大。

在讲生命成本管理之前，我们先介绍重大基础设施不同于一般产品生产的几个明显特征。

1）运行费用比较大

图5-2里有3条曲线，说明建设施工的成本远小于运行维护的成本，原因与后面讲的第三个特征有关系。基础设施有一个重要特征就是生命周期比较长，所以它的运行费用占全生命周期成本（Life Cycle Cost，简称LCC）的比重比较大。重大基础设施与一般产品不一样，它在一年中的运行成本也许不大，但其特别长的生命周期使运行成本占全生命周期成本的比重很大。比如说机场，常说百年大计；地铁，像伦敦地铁已经有约160年历史了；还有城市排水设施、高速公路等都具有这个特征。

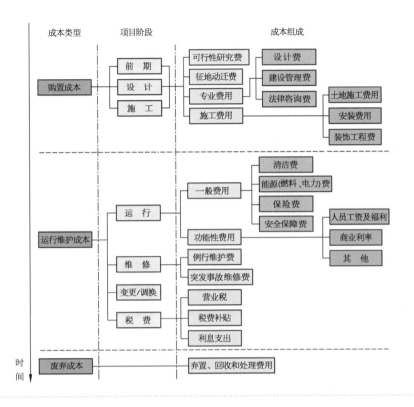

> **图 5-1** 项目全生命周期成本的构成

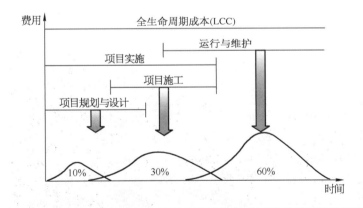

> **图 5-2** 运行费用和其他费用对比

2）使用者付费，收益稳定

城市基础设施的使用者稳定，如果获得"使用者付费"的政策，其收益稳定，且事先对市场规模和收益预测的可靠性较高。

案例 041 ｜ 久事专项

过去我们的基础设施常常被认为是亏本的，"久事专项"就是改变基础设施建设投资理念的一个例子。1986 年上海市上报了基础设施投融资改革方案，考虑用工业项目收益来偿还基础设施项目的债款。当初上报了一批项目，其中有很多是当时认为盈利的项目，但这些项目可能现在都不存在了，几乎全部失败了。而当时认为无力偿还贷款的一批基础设施项目，比如南浦大桥，现在收益非常好。当初想用工业项目来补贴基础设施，由久事公司来统一管理这些项目，该方案经国务院批复后得到实施。但后来的结果是工业项目都失败了，基础设施项目个个赚钱。南浦大桥（图 5-3）是基础设施，评估下来其收益不足以支付投资利息，因此当初投资建设南浦大桥用的是亚洲银行的贷款，但后来不是这样，它的收益非常好。1996 年评估的时候，它的投资收益率达到了 15%。什么原因呢？因为有了收费机制。但久事公司没有等到收

> **图 5-3** 上海南浦大桥

回投资就把一半的产权卖给了一个港商，留一半产权的原因是考虑到基础设施不能乱涨价，所以政府为控制收费留了一半产权。南浦大桥建设成本是 20 亿元，评估时已经达到 40 亿元，交易时港商支付的费用已经可以用来偿还亚洲银行的贷款了。

但是久事公司看亚洲银行贷款的偿还期还没有到，于是就把这笔钱拿去建了杨浦大桥。港商呢？他拿到南浦大桥一半产权后，考虑到如果自己在南浦大桥上收费，需要很长时间才能收回投资，于是成立了一家管理公司，把该公司在香港上市，等于在上市的那一刻，就把所有的投资都收了回来，这座桥变成了股民们的桥。这座桥的效益很好，后来杨浦大桥也借鉴了这种操作方式，评估完也把部分产权出售了，因此政府一分钱没掏，拥有了两座大桥一半的产权。这个案例说明了一个很重要的道理，就是如果使用者付费，则收益相当稳定。

3）生命周期长

通常批量生产的工业品都有一个成长期、成熟期和衰退期（图 5-4）。随着现代社会的发展，工业品的生命周期越来越短，产品更新越来越快，基础设施与之相比却明显具有生命周期长的特征，我们的机场、轨道交通、高速公路、给排水系统、电力系统等，无一不是百年大计。

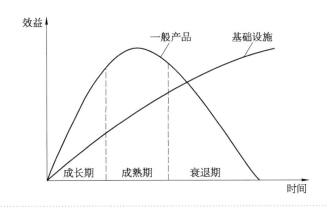

> **图 5-4** 基础设施与一般工业产品生命周期比较

4）边际成本低

重大基础设施项目在设计范围内，服务量的增加几乎不增加成本，也就是说它的边际成本到了一定程度后，就几乎为零。

案例 042 ｜ **地铁和机场的边际成本**

现在地铁 A 型车的设计高峰小时运送能力最高可达 5 万人次，其实到每小时 2 万～3 万人次时，收费就可与成本基本平衡。因此在某个人次指标以上增加的人数，全是收益，成本是不增加的。

很多基础设施都是这样。比如污水管，到了一定程度再往上增加排放量，成本不提高。机场也是一样，虹桥机场设计容量为 960 万人次/年，2008 年做到 2300 万人次，那么 960 万人次以上的旅客量产生的收益都是我们的利润。实际上，旅客量不到 960 万人次我们就已经开始盈利了。

5.2　项目的全生命周期成本控制

根据上述重大基础设施的四大生命成本特征，项目的全生命周期成本控制中要注意以下要点。

1) 生命长的设施要保证质量

基础设施由于生命周期长，在建设中要特别关注它的施工质量，保证"百年不坏"。但就一个基础设施本身来说，不同的组成部分其各自的生命周期有很大的不同，有的部分比较长，而有的部分会比较短。比如轨道交通，其线路结构、土建设施、车辆生命周期长，要保证它的质量，要加大投资；而运行控制系统生命周期较短，要注意使投资与其生命周期内的需求相匹配。

案例 043 ｜ **基础设施的生命周期**

轨道系统中的控制系统生命周期不长，但其基础设施、土建结构以及轨道的车辆，生命周期是比较长的。像日本东京的地铁已经运行 100 年了，当初日本对地铁系统的认识不是很深，地铁线路埋得很浅，对其他的基础设施造成一定影响，地铁用了 100 年以后，日本将地铁线上跑了 100 年的车辆换下来卖给了阿根廷，阿根廷还可以用。轨道交通运行中磨损最大的主要是轮子，到了一定阶段只要换一下车轮，其他部分都还可以继续使用。巴黎地下的下水道使用 200 年了，到现在也没像我们的市政基础设施那样，今天挖开埋电线，明天挖开埋水管，它的下水道做得很大，相当于我们的综合管廊。中国的赵州桥（图 5-5）1400 多年了，现在还在用。

> **图 5-5**　中国赵州桥

2）生命周期短的设施要算准

算准的意思是系统的生命周期要与设施的需求相吻合，要对系统本身的生命周期有很好的把握，系统的生命周期小于或大于设施的需求都会造成投资的浪费。

案例 044　　**上海轨道交通 1 号线的信号系统**

上海轨道交通 1 号线起初买的信号系统定位是要满足发车间距 2 min 的运行需求。其实，这个要求在当初就有很多争论，有没有必要买得这么好？IT 系统的生命周期一般在 8 年左右，2008 年，这套系统作了更换，此时上海轨道交通 1 号线的发车间距还只有 4 min，如果当初购买发车间距为 4 min 的系统，价格只需要二分之一左右。

案例 045　　**浦东国际机场一期工程信息集成系统**

　　浦东国际机场一期工程采购信息集成系统（UFIS）的时候，这套系统在柏林机场已经使用，比较成熟，当时虹桥机场还很小，浦东国际机场建设前期虹桥机场旅客量只有 300 万人次/年，货运量为 5 万 t/年。虽然浦东国际机场一期工程建设时，虹桥机场发展很快，但那时技术人员无论从数量上还是质量上都很不到位，管理人员对应用这个系统根本没有概念，因此在采购 UFIS 之初很多人反对，反对的一个主要原因是认为没有必要，因为信息集成系统寿命短，而且现阶段的管理和机场的效益还用不着这套系统。反过来说，机场即使有了这套系统也很难按照系统要求去使用。所以当初采购这套系统时，外国供货商问我们有什么需求，我们提不出详细的需求，不知道怎么管、怎么用。后来领导要求去柏林学习，人家怎么用我们也怎么用。确实有的东西我们能学好，但许多东西我们不可能简单学来，因为有很大的文化差异的问题。这套系统 2009 年更换时，它的功能使用还不到一半，数据量只有系统能力允许的四分之一左右，当然也有一部分功能用得还不错。

　　现在回头想想，等我们都到了这个系统要更换的时候才只用了它功能的二分之一，那么当初的决策是有问题的，可能不应该采用这套系统。

案例 046　　**上海磁浮示范线的售检票系统**

　　上海磁浮示范线在采购售检票系统的时候，市场上已有比较成熟的产品可供选择，但我们经过研究得出的结论是，磁浮示范线目前只有两个车站，以后发展成什么样还说不准，这条示范线试验的结果要么是到此为止，要么是磁浮交通还有一个大的发展，那么今后就不是两个车站的问题，它将需要一个大的售检票系统去管理；而且售检票系统除了一些机械设备寿命相对比较长，有 20～30 年寿命以外，绝大多数重要设备，包括转轴和 IT 设备等寿命都不长。最后我们找了一家国内的公司自己开发了一套用于示范线的简易系统，价格便宜，质量也好，一直用到现在。磁浮线以后延伸到虹桥综合交通枢纽、甚至是杭州后，这套系统就会完成其使命，到那时它的生命也就结束了。这是一个在项目的生命成本管理方面做得比较好的案例。

案例 047　**浦东国际机场贵宾室的沙发设置**

许多人提了很多意见，建议优化浦东国际机场贵宾室的沙发设置，其中一点是认为沙发摆得太少，理由是贵宾室的收入多少在于沙发数量的多少，多一个沙发就可以多接待一位客人，效益就好一点，于是就提出要增设大量沙发。一般来说增设沙发可能是会增加收益，但是浦东国际机场二号航站楼的设计是年处理 4000 万人次旅客量的，刚开始的时候，比如头两年是不可能有每年 4000 万旅客这么大的量的，所以贵宾室其实用不着这么多沙发。如果现在就摆这么多沙发，可能会有很长一段时间没有人坐，但是，机场贵宾室沙发的寿命一般为一年，一年以后就会换新的，没有坏也会换，否则贵宾室就没人愿意用了，这和宾馆一样，宾馆里的设施没有坏也会换，否则就没有人愿意去住了。因此有的人认为贵宾室的沙发应该买贵重的，这其实也没有必要，因为它们过不了多久就会被换掉，实际上只要花一年的生命成本就可以了。

3）要特别关注运行成本高的设施

在设计管理中要特别关注那些对今后的运行成本影响较大的设施，比如空调系统、各种大型机电系统、信息系统以及一些能耗高的设施和系统。抓住了这些少量的要害设施和系统，实际上也就管住了大部分的运行成本。这也是一项事半功倍的工作。

案例 048　**轨道交通高架车站的空调**

在上海轨道交通 3 号线北延伸工程中，我们把整个车站上面大量的空调都取消了，在做磁浮龙阳路车站的时候也是这样。磁浮龙阳路车站最初的预算是 2 亿元，就是因为考虑车站里面是全空调的，后来只保留车站内的一部分工作用房、商业用房有空调，其他地方的空调都取消了。这是因为空调的运行成本太高，车辆进出站像活塞一样，能量的损失很大，所以要特别关注这个问题。我们在上海轨道交通 3 号线北延伸工程中，只在站台上做了一个小的玻璃房，装了一个分体空调，老弱病残孕乘客可以到这个地方去候车，一般正常的人就不考虑在空调环境中候车了。磁浮龙阳路车站则连这个玻璃房也没有，这是因为磁浮列车里面是有空调的，而磁浮列车的发车时间间距比较长，要 10 min，也就是说磁浮龙阳路站站台上一直有车在等旅客，旅客要是想在空调环境里候车，可以上车等待，不用等在站台上（图5-6）；而且磁浮列车的门很小很少，门打开后，空调能量损耗不大，不像地铁车辆门打开后，空调能量损耗很大。经过分析以后，我们将磁浮龙阳路站站台的空调系统取消了，车站的建设费用降为9000多万元，投资省了一半。空调系统本来不需要花那么多钱，其主体设施只需花费5000万～6000万元，但是因为有了空调后，就要加上烟感、自动喷淋等消防设施

> **图5-6**　上海磁浮示范线龙阳路站候车站台

以及配套机房等，所以空调引起的造价加起来就是将近1亿元。所以说，车站做空调规模是比较大的（龙阳路车站建筑长度就有200 m），如果做了空调，运行成本会很高。

案例 049　机场旅客捷运系统和行李处理系统

　　机场的旅客捷运系统（图5-7）运行成本是很高的，决策时需要非常慎重，浦东国际机场二期工程一开始我们就开展了这方面课题的研究。我去美国看了很多机场，其旅客捷运系统的运行成本几乎都是每年1亿美元左右，而上海国际机场股份有限公司（SIA）一年的利润约6亿元人民币，机场内部的旅客捷运系统不能收费，是个纯成本设施，所以如果做了旅客捷运系统，那上市公司的利润就都要去填补旅客捷运系统的运营费用了。因此怎样处理好这个问题是比较大的课题，我们一直在研究，想把它简化，但是困难还是比较多的，因为它的运量虽然和地铁比不是很大，但是要求比较高，对安全性、稳定性、舒适度上的要求都是比较高的。所以在考虑采用捷运系统时要特别慎重。

　　机场还有一个系统成本比较高，就是行李系统。行李系统不仅建设成本高，运行成本也很高，其生命周期还特别短，所以要特别注意控制这些设施的成本。浦东国际机场二号航站楼的

> **图 5-7** 芝加哥机场旅客捷运系统

行李系统投资是 3.6 亿元人民币，首都机场 T3 航站楼的行李系统则花了 2.5 亿美元。这么大的投资，系统必然很复杂，有许多高精尖的东西，控制系统要求更高，而机械系统和控制系统的寿命都比较短，因此今后的折旧，即摊销成本会很大。所以我们在设计管理中特别关注了这两个系统，反复开展了多项科学研究和可行性研究。

案例 050　**浦东国际机场的节能和雨水利用科研**

浦东国际机场二号航站楼是大空间建筑，夏天能耗倒还好，因为冷气沉在下面，但冬天热气都往上走，所以如果设计得不好，运行费用会很高，我们的节能课题里面有一项就是研究到了冬天怎么保证空气分层稳定（图 5-8）。大规模大空间建筑的空调能耗是很大的，在运营成本中占很大的一块，应该特别引起我们的重视。

另外就是机场航站楼的厕所特别多，而厕所的用水量很大，这一块的费用很高，我们给予了高度的关注，提前做了科研，把冲洗厕所的水换成中水（通过雨水收集、处理而来），每年可以节省几百万元，3～5 年就可以收回投资。所以对运行成本高的设施我们设计管理人员要给予特别的关注。

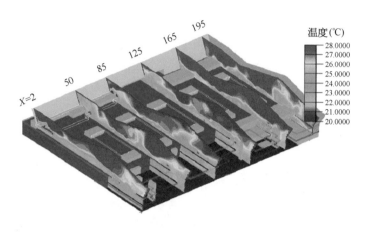

> **图 5-8**　浦东国际机场二期工程节能研究中空气分层稳定分析

4）要加大节能减排的力度

节能减排不仅是我们的国策，也是我们项目设计管理的核心工作之一，是我们关注项目全生命周期成本的核心行动内容之一，浦东、虹桥两个国际机场的建设中，我们都很关注这方面的工作。

案例 051　**浦东国际机场一期工程的热电汽三联供**

浦东国际机场一期工程建设时我们关于可持续发展作了一系列的研究，其中有一项就是热电汽三联供。当初由于政策上的原因，发挥的作用不是很明显，现在的效益则非常好。

浦东国际机场一期工程能源中心"汽电共生、冷热联供"的方案是采用油气两用 4000 kW 的燃气轮发电机组发出高质量 10.5 kV 的自发电，在夏季及过渡期用来驱动 2 台 4224 kW 的离心式冷水机组和市电驱动 5 台 14080 kW 的离心式冷水机组一起提供 4.85℃ 的冷水；在冬季利用燃气轮发电机组高温尾气加热一台 20 t/h 的油气两用辅助锅炉，产生 0.9 MPa 的饱和蒸汽，向机场及其他地区供热，供应用户生活用的热水及空调用的热媒，或部分供 4 台 5280 kW 的双效镍化锂吸收式冷水机组制冷。

该方案具有良好的社会经济效益，如图 5-9 所示，一是它使能源中心在夏季少用市电 576.5 万 kW·h，多用天然气 579136 m³，有利于消减夏季高峰用电量和增加夏季天然气用量，起到了削峰填谷的作用；二是该方案除供冷供热外还可以每年向外输送 489 万 kW·h 电能，一次能源利用率高达 1.14；三是由于自发电的存在，在市电故障时仍可供应满足航站楼需求的 5℃ 的冷水，从而提高了航站楼供冷供热的可靠度（参阅《浦东国际机场建设丛书——可持续发展》，上海科学技术出版社 1999 年出版）。

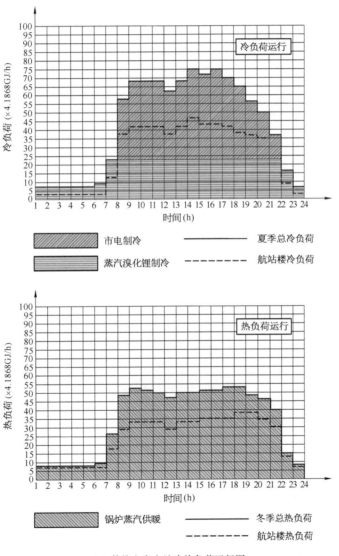

（a）传统方案主站冷热负荷运行图

> **图 5-9**　能源中心传统方案与"汽电共生、冷热联供"方案运行图比较

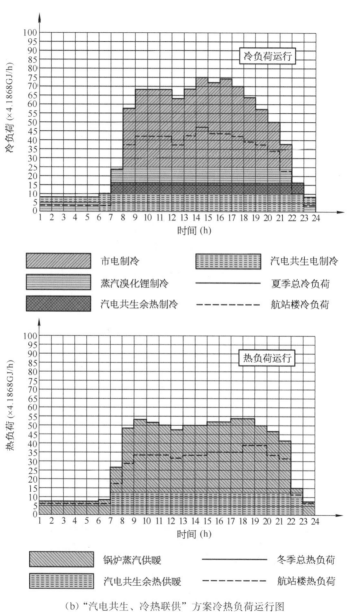

（b）"汽电共生、冷热联供"方案冷热负荷运行图

> **图5-9**　能源中心传统方案与"汽电共生、冷热联供"方案运行图比较（续）

因此，节能减排就是要在设计管理过程中充分考虑今后运营成本降低的问题。

浦东国际机场一期工程的能源中心如图 5-10 所示。

> **图 5-10** 浦东国际机场一期工程的能源中心

案例 052 | **上海磁浮示范线的经济运行速度**

上海磁浮示范线（图 5-11）原来线路设计时的速度可以达到 500 km/h，后来因为线路太短，也考虑到安全因素，最后规定的载客限速最高为 430 km/h，后来又降到 300 km/h 运行。虽然 300 km/h 运行比 430 km/h 运行从龙阳路到浦东国际机场之间的旅行时间只延长了 1 min 左右，但是能耗减少了 1/3 到 1/2。所以什么样的速度最经济，这是一个很重要的问题。我们当初做磁浮示范线的时候就考虑过这个问题，作为实验线要考虑到最高的速度，空车不载客跑的时候能跑到 505 km/h；作为示范线的速度为 430 km/h；而在这段不足 30 km 的示范线上，最经济的运行速度则为 200～300 km/h，最主要的是因为在这个速度下能耗最经济合理。

> **图 5-11**　上海磁浮示范线

案例 053 ┃ **浦东国际机场二期扩建工程的节能专项**

　　浦东国际机场一期工程运行后是用电大户，市里面因此把浦东国际机场列为不节能项目的代表，这有很多原因，可能是法国人设计时对节能考虑不足，比如玻璃幕墙没有考虑节能问题、楼面之间相互串通的设计造成在夏天下层很冷但上层还是很热的现象。浦东国际机场二期扩建工程就非常重视对节能问题的研究，在市科委的重点资助下，上海市重点科研项目"浦东国际机场二期工程节能研究课题"先后投入科研经费 100 多万元，节能项目总建设费用超过 1 亿元。经计算机软件"精打细算"，用上敷膜、引风、水蓄冷、雨水回用等"十八般武艺"，浦东国际机场二期扩建工程交出了一份令人满意的"节能成绩单"，浦东国际机场二期成为"节能大户"，与未作优化的原始设计相比，全年用电可节省 54.9%，即年节电 1.3 亿度，电费成本可节省 44.0%；全年节能 50.8%；全年耗能成本可节省 48.6%；与《上海市公共建筑节能标准》相比，年节能 9700 万 MJ，年节约 250 万 t 自来水，年节省运行费 1575 万元。

根据测算，浦东国际机场二期项目可在 5 年内把 1 亿元的节能项目投资收回来，5 年以后这笔投资就能直接产生经济效益了，这主要包括采光、通风、照明、蓄冷、供冷、供热、中水等一系列项目加在一起。如果前期设计中不考虑这些问题，则对后期运营成本的影响一定很大。

我们把浦东国际机场二期工程做完以后，报纸上刊发了头版头条文章宣传浦东机场从耗能大户变成节能大户（《青年报》，2007 年 10 月 13 日，记者胥柳曼报道）。浦东国际机场二期工程建成后每平方米的节能指标比美国要求的指标还要好，比上海市的指标要好得多，所以科研课题验收的时候，评价非常好（参阅《上海空港系列丛书：浦东国际机场二期工程节能研究》，上海科学技术出版社 2007 年出版）。

浦东国际机场二期工程的能源中心如图 5-12 所示。

> **图 5-12**　浦东国际机场二期工程的能源中心

5）要特别关注收益高的设施

我们一方面要关注节约投资，另一方面还要关注产出多的设施，要在设计管理阶段就考虑让这些设施能够多出效益，或者说为这些设施进一步提高收益创造条件、提供可能性。这样的例子很多。

机场航站区内的商业设施

机场是服务性场所，这里的商业、餐饮等设施是主要的收益产出来源地。国家规范对这些设施没有相应的限定，浦东国际机场在建设一号航站楼时，在国家批准的功能设施基础上，又说服上海市专门再批了 6 万 m^2 的商业设施。现在我们的相关管理部门已经认识到这一点，不再抠规范，只要是合理的，在总投资控制的前提下都允许我们尽量做大做好这一块设施。浦东国际机场二号航站楼则在主要旅客流程上，从旅客下车经过候机大厅、到登机桥的过程中都配置了许多的商业服务设施。

如果没有商业设施，机场航站区的服务功能肯定是不好的，适当的商业设施对旅客来说其实是必需的。这并不仅仅是从赚钱的角度来讲，商业服务功能也是航站楼功能的一部分，比如如果飞机晚点了，旅客没有地方吃饭，那这肯定是不行的。

因此一方面设计管理要关注收益高的设施，另一方面怎样处理好高收益设施与基本功能设施的关系，其实才是设计管理的责任所在。

浦东国际机场的商业设施如图 5-13 所示。

> **图 5-13** 浦东国际机场的商业设施

轨道交通车站的商业开发

　　轨道交通车站周边的商业开发是设计的时候要与车站一起考虑的，而且与地区的规划都要结合起来。这方面在轨道交通发展的初期往往不是很受关注，现在开始被重视了，各站在开始规划的时候都要做一个商业开发方案（图5-14）。起初不是这样的，很多车站当时都只做车站本身的设计，最典型的就是北京轨道交通1号线。其实如果只做好了那些基本交通功能设施，能获取收益的商业设施却没做，则对于地铁公司的正常运营是很不利的，对于地铁的发展也是不利的，因为我们不能设想一个长期大量亏损的企业能够正常发展壮大。

> **图 5-14**　日本名古屋火车站及站屋上的商业开发

　　这些商业开发设施不管最后是自己经营还是交给别人经营，都是在设计管理的时候要认真考虑的，而且从某种意义上讲商业设施本身也是车站功能设施的一部分。

机场航站楼的宾馆

　　另外还有一个很好的例子，就是机场航站楼的宾馆。过去因为功能的需要，我们不得不为机场建一座配套的宾馆，后来发现宾馆要服务好旅客最好就是建在航站楼的边上。所以浦东国际机场航站楼新的方案规划设计的时候，我们就是把宾馆建在航站楼的门前。

　　虹桥国际机场二号航站楼建好以后，其1号门到8号门是旅客进航站楼的门，而紧挨着的0号门和9号门就是机场宾馆的门（图5-15）。又如底特律机场，机场宾馆的门就是航站楼的1

号门，旅客可以非常方便地直接从航站楼走进机场宾馆。浦东国际机场的机场宾馆设计得也非常方便，航站楼门前有宾馆，隔离区里面也有宾馆，一方面宾馆的效益很好，另一方面机场的服务也得到了进一步提升。因此我们对机场宾馆应给予极大的关注。

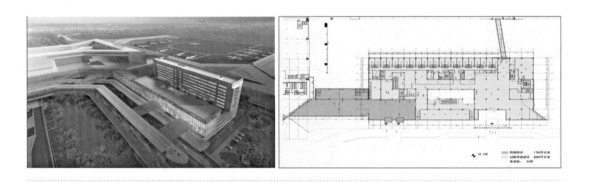

> **图5-15** 虹桥国际机场二号航站楼一体化的机场宾馆

总而言之，重大基础设施在设计管理的过程中，对于那些效益好的、有良好市场前景的、有商业利益的设施要特别予以重点关注。

6）生命期与市场需求要相符

新中国成立初期，我们考虑的是"先生产后生活"，这样造成了我们现在对基础设施的欠账比较多，使得基础设施建得越早，使用越早，收益就越早，所以有时候为了抢进度花点钱，决策者不在乎。像机场，早一天建成则早一天获得收益，一天一个机位的收入是固定的，只要一通航就可以获得这个收益。因此设计管理者要清楚，进度要与市场的需求相符合。但现在往往是市场的需求很大，而基础设施建设供应不上，所以必须要加快进度。地铁就是一个很好的例子，无论你怎么加快建设都很难赶上城市发展的需求。当然也有另外一种例子，产品的生命期与市场的需求不符合造成企业倒闭。比如国内有一家VCD生产厂，建成后还没有投产，市场上就出现了DVD，后来就倒闭了。这样的厂商还不止一家，就是因为没有和市场环境对应好关系。

案例 057	浦东国际机场货运区

浦东国际机场的货运量在全国排第一位，而且每年的增长量很大，其东货运区在还没有建好时就被客户订光了。首期建设的西货运区的公共货运站（图5-16）是在2008年3月建好的，当时货运站边上还有东方航空、上海航空、UPS、DHL等的货运站准备建设，但都还没有动工。有一天浦东国际机场公共货运站的几位同志来问我，其他货运站都还没动工呢，我们真的要启用自己的公共货运站吗？我和他们说，它们启动得晚对你们来说是好事，它们现在还没有开工，没有一年是绝对不可能建成的，而现在市场的情况是货运量增长太快，货运站不够用，市场的需求非常好，你们现在启用浦东机场的货运站，起码有一年是没有人跟你们竞争的。

> **图 5-16** 浦东国际机场西货运区的公共货运站

这里，我就是在向他们说明我们的设施投入是与市场的需求相符合的。

案例 058	浦东国际机场航站楼的建设

浦东国际机场一期工程建设的时候，航站区的总体规划是建设 4 幢独立的主楼，二期工程

时，航站楼招标方案有两种类型，一种方案是在一期建好的楼（一号航站楼）对面建主楼，如
H 方案所示（图 5-17）；另一种方案是在原主楼（一号航站楼）的南面，将 2 幢主楼做成一个
大主楼，如 W 方案所示（图 5-18），这种方案把北部的 2 幢楼建成卫星厅，甚至不要了，因为
南部的这幢楼可以做得很大，如 G 方案所示（图 5-19）。

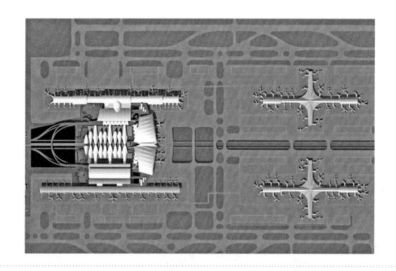

> **图 5-17**   浦东国际机场航站区 H 方案

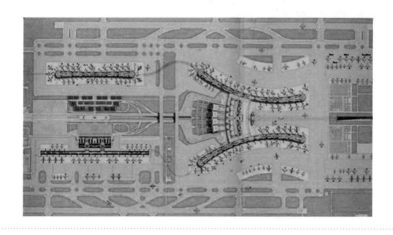

> **图 5-18**   浦东国际机场航站区 W 方案

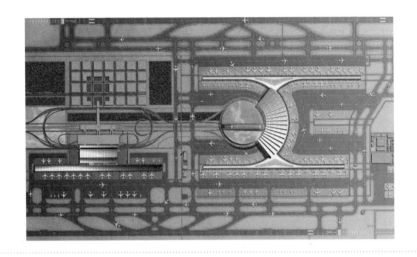

> **图 5-19**　浦东国际机场航站区 G 方案

　　我当初是评委，于是我画了一张图（图 5-20），说明我们的市场需求是呈现线性增长趋势的，一期航站楼建好后可以满足一定的需求，但是现在不够了，那么问题就是，"二期我们是要建一幢楼来满足一部分新增的旅客量，比如 2000 万人次，或 4000 万人次的量呢？还是要建一幢楼来满足未来全部新增的 6000 万人次以上的旅客量？"其实这两类方案反映的就是对这个问题的不同认识。由于我们的设施建设所产生的处理能力增长是台阶型的，一旦建好就能满足一定的量，这样设施能力与市场需求之间就有一个最合理的关系。在市场需求线以上的三角形部分，表示设施闲置，以下的三角形部分，表示设施不够。我把这个关系图详细阐述之后，就没有几个人去选择后一种方案了。因为如果把年 6000 万人次处理能力的航站楼一次建成，是不符合市场需求的，那样会在很长一段时间内使设施空置，而这种空置规模太大、时间太长，在财务上、运营上都是不合理的。

　　从另一个角度来说，人们也无法准确预测 10 年以上的需求，比如法国的戴高乐机场就是一个很好的例子。戴高乐机场原来也是规划了 4 幢大的单元式航站楼，建成一幢以后赶上石油危机和经济萧条，航空市场发展减速，于是新建航站楼的规模就改小了；再后来经济回暖，航空市场需求快速增长，于是又建了两个大的航站楼单元。这很好地说明了设施规模与市场需求的关系，也就是说设施规模必须要与市场的需求相符合，否则投资者的成本会很高，因为会把投资都预支掉。这就是为什么我们在美国看到的多数机场都是多个航站楼形成航站区的原因。

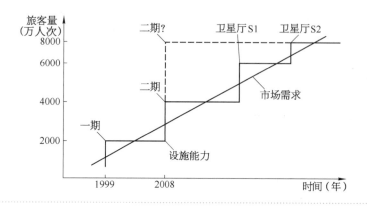

> **图5-20** 设施投运与市场需求的关系

分期分批发展的巴黎戴高乐机场航站楼如图 5-21 所示，单元式发展的洛杉矶国际机场航站楼如图 5-22 所示。

> **图5-21** 分期分批发展的巴黎戴高乐机场航站楼

> **图 5-22** 单元式发展的洛杉矶国际机场航站楼

第6章

功能价值法

重大基础设施特有的公益性，使得它的所有者往往并不了解其功能，甚至也不了解其价值，他们往往不知道这部分资产该怎么用，这就要求设计管理人员必须具备相应的专业知识背景，对设施的功能和价值进行彻底的分析，然后向设计者提出科学的设计目标（任务书），以指导设计工作。

现在一些大的基础设施绝大多数产权属于政府，政府不可能像常规的设计项目一样给出任务书。如果是老的基础设施项目，如机场，其扩建工程还可以让运营人员给出任务书，但如果是新的机场，没有人会给这样的任务书。实际上找老的运营人员给出任务书也是有很多问题的，运营、咨询和设计都会有很大的不同，属于不同范畴的问题，运营人员是编不出任务书的，或者说他可能受其知识背景的限制，由他来提任务书会出现很多问题。因此，在进行基础设施建设的时候要求我们设计管理人员对设计本身有一定的了解，要有特定的专业知识背景。

功能价值分析在很多书上都有阐述，这里主要是讲一下应用中的体会。

6.1　分析功能需求要究极彻底

究极就是要追究事物的本质。往往设计项目大了、复杂了以后就忘了本质，就忽视了这个设施最基本的功能是什么。

大规模综合性设施就像一座城市一样，非常复杂。那么我们想想，上大学的时候，老师讲城市是什么时，就是举"半坡遗址"的例子，分析半坡遗址到底有什么东西，得到了城市最基本的构成要素，就是居住、游憩、休息、交通。但是有时候做城市规划的人把这些要素忘了，把广场做得很大，把象征性的东西做得很好，而把基本的功能忘了。

案例 059 ｜ **轨道交通车站的功能分析**

我们有时候建一个轨道交通车站，车站的功能不怎么样，但上面的商场做得非常大，结果使车站本身发挥不了应有的作用。比如某个车站，站台在第 4 层，第 1 层、第 2 层都不是车站功能，结果旅客来回转很久都上不了站台。

那么，按照功能价值法的思路，我们分析一下，车站的最基本功能到底是什么。这个问题是我做上海轨道交通 3 号线北延伸段设计管理时问设计单位的，我们的设计人员已经很难清楚回答这个问题了。其实，车站的基本功能就是上下车，所以它的基本构成要素是很简单的。一个公共汽车站就是一个最简单的车站，其最基本的功能和要求是什么？就是要最便捷地集散。如果是这样的话，那么我们再问一下，最简单的车站是什么样的呢？

为什么我要在设计前和设计人员讨论这个问题，因为当时建地铁车站时对投资总是控制不住，车站越做越大，成本越来越高，主要就是因为附加的功能越来越多。我们经过分析知道哪些功能是必需的，而对于那些不是必需的功能可以用其他的方式去融资。比如车站附加的商业设施就不是必需的功能设施，因此不一定要由政府来投资，可以用别的方式去融资。车站本身以满足基本的功能为目标，就有可能做到最有利于便捷地集散。

经过究极式的研究分析，我们认识到轨道交通车站最基本的构成要素是：首先，要有上下车的站台。日本农村里的轨道交通车站（图 6-1）就是只有一个站台，其他设施都没有，而且站台不需要那么长，只需要一小段，因为这里上下车的人不多。

> **图 6-1** 日本某轨道交通车站

第二个就是通道。这个通道是从站台通往站厅和售检票机的，有各种形式，可以是廊、楼梯、电梯、自动扶梯。第三是需要有售检票机和站厅；第四需要有厕所和站长室。所谓站长室不一定是站长本人的房间，这里是指管理用房。这些就是轨道交通车站最基本的构成要素。按照这个思路，我们做了上海轨道交通 3 号线北延伸段的这些车站。过去我们单个高架轨道交通车站的投资需要6000万元以上，而北延伸段的单个车站工程（图6-2）投资没有超过1000万元的。如果单个车站只需要满足上述构成要素，是不需要花那么大投资的。这样做的方案大家都觉得挺好。

> **图 6-2**   上海轨道交通3号线北延伸段的车站

当然我们并不是不要其他的辅助功能、商业设施了，其他的功能是通过另外的投融资模式去实现的。北延伸段的车站可以让乘客以最快的速度上下车，检票后直接通过自动扶梯上站台，没有一个车站是需要折换自动扶梯和楼梯的。这样做完以后，车站的疏散速度很快，由于疏散很快，车站的规模就小。而轨道交通其他的设施比如供电、消防等设施放到一个专门的单元里，并把这些功能做成标准的模块。这些模块不一定要放到车站里，可以放到外面。又比如牵引变电站，以前为了放到车站里，把车站做大了，线也拉得很远，现在我们把它放在设计计算最合适的地方，实际上这些牵引变电站也是无人值守的。这样建完以后成本得到了控制，使用、维护、管理起来也特别方便。我后来去看这些车站，管理用房一间就够了，如果给管理者两间，他还会租给别人一间。如果设计时问运行人员需求，他一定要得很多，休息、喝茶、开会的地方他都会要；如果真的有了这些房间，就需要有人维护、管理，就需要管理人员；有了管理人员，就需要有书记、经理、工会主席等，这样一来一个车站就上百人。人生事、事生人，再需要建房子，再需要吃饭、睡觉等，雪球越滚越大。上海轨道交通3号线北延伸段的车站规模小，管理人员也就少了很多。

这里还有一个小故事，上海市政院当初做上海轨道交通 7 号线最北面的 4 个站，提的方案是过去那种较复杂的设计方案，每个车站都不少于两个出入口。做完方案让我提意见，我就说，这些车站高峰小时只有 3000 人左右，你为什么要做两个出入口，为什么要做这么多设施？他们听了以后，赶紧改。后来出来的方案，都只有一个出入口，类似于 3 号线北延伸段的车站，旅客集散非常方便，结果 4 个车站他们全部中了标。

那么这些车站的商业开发怎么办呢？我们认为其实只需要划一块地或者拿出一块空间确定为车站配套商业设施，就可以由社会上的专业经营者来开发，地铁公司只要等着收钱就行了。因为商业开发与经营并不是地铁公司的主业，也不是地铁公司的长处，完全没有必要自己去直接经营。现在有些轨道交通车站内有很多地方由自己的员工在卖书报或一些小商品，可能卖书报的收入还没有这些员工的工资多，还会把车站里搞得乱乱的。

案例 060 　虹桥国际机场扩建工程二号航站楼行李系统

一些发展中国家的机场在做行李系统的时候，一开始都说我们需要最先进的、最好的系统。这样的要求也许没错，但会带来很多问题，就像你去买东西，你可能不需要最好的，而是要一个对你最合适的。

虹桥国际机场二号航站楼在设计行李系统的时候，我们分析最基本的行李系统其实很简单，就是通过一条皮带将办票柜台的行李送到输送线上，工人将行李从输送线上拿下来送到飞机上就可以了，这就是最基本的行李系统（图 6-3）。

后来飞机多了，办票柜台也多了，这些柜台办的就不是一个航班，可能几个航班都在这里办票，在后场的行李不太容易分得开，于是我们就在后场做了一个转盘，这样围着转盘，不同航班的行李车停放着，工人们通过人工分拣就把行李搬到相应航班的行李车上（图 6-4）。

接下来需要同时办票的航班更多了，一套系统一个转盘就不够了，于是开始需要增加转盘数量。过去的虹桥机场一号航站楼一共有 6 个这样的行李转盘，2009 年旅客吞吐量为 2500 万人次，就是用这么简单的系统完成的。为什么虹桥机场的效益好，就是用了这样的一些系统、一条跑道、一个不到 9 万 m² 的航站楼做到了 2500 万人次的旅客量。有的机场的行李系统比虹桥机场的复杂了很多，也昂贵得多，运量还赶不上虹桥机场，你想想成本会怎么样？

> **图 6-3**　最基本的行李系统　　　　　　> **图 6-4**　有简单转盘的航站楼行李系统

　　再后来，机场到了一定的规模程度后就有了一定的复杂性，比如有了中转的旅客、需要公共值机等，那么虹桥机场一号航站楼中转的旅客需要拿了行李再到柜台交运，比较麻烦，如果要服务好一点，就要考虑旅客不需要这样交运。图 6-5 所示为虹桥机场二号航站楼行李输送系统的设计原理图，图中 1 到 12 就是刚才说的简单的带转盘的行李系统。值机柜台就通过皮带与转盘联系，一共有 8 条线，这就是最基本的行李输送系统。这张图中，其他的东西可以都不要，光 8 条皮带就可以处理将近每年 2000 万人次的旅客量。但是遇到中转旅客怎么办？我们可以通过中转输送线将行李运到自动分拣系统上，自动分拣系统会在识别后把不同的行李分发到不同的转盘上，有了这个自动分拣系统以后，早到行李也就可以处理了。另外为了方便旅客，其在公共交通中心的办票岛也可以办理公共值机，办理所有航班的票，旅客可以就近交运行李，上自动分拣系统。

　　分析一下这张原理图，可以看到，一般的旅客，在值机岛办票后行李直接到达转盘，特殊的旅客则通过特殊的方式完成行李交运。因为这部分特殊旅客的行李比较少，我们将其与大量正常的旅客行李分离开，这样自动分拣系统处理的量就比原来小得多。如果自动分拣量大的话，一个分拣系统就不够，可能需要 2 个、3 个，香港机场就有很多个这样的分拣系统。我们就是这样对不同的功能需求用不同的方法去满足，这样做完以后，行李系统很简洁，投资当然也就比较节省。另一方面，由于简洁，这样的系统也不容易出错。同时，因为值机岛的行李到了转盘以后还有一次人工识别，实际上是一次再确认，出错概率就会非常低了。如果完全由机器分拣的话，机器出错了就没办法补救了。

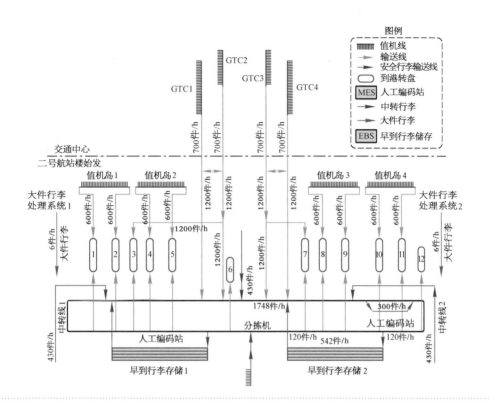

> **图 6-5** 虹桥国际机场二号航站楼行李系统原理图

　　另外一个优点是，行李由值机柜台下到转盘速度很快，对于机场来说，行李到了转盘就等于交给了航空公司，离港的行李可以很快地到达提取转盘，这样这个系统就非常有效率。因此，我们实际上没有做一个大的复杂的行李系统，只是把一系列的不同行李系统集合在了一起。

　　这样做完以后，我们的系统有两个优点，第一就是出错率低，自动分拣系统一个小时处理量是 5000 件，但是出错率不小于万分之一，也就是说处理得越多，出错的就越多，而我们这个系统由于人工的介入使它的出错率基本上趋向于零。第二个优点就是行李可以最快地交给旅客，最快地交给航空公司。

　　回过头再想想，行李系统的功能要求是什么？我们之前说车站最基本的要求是集散，而行李系统最基本的功能要求就是把行李最快地交给旅客和航空公司。如果把系统做得很复杂，行李从里面出来就要半个小时，那就不对了。行李系统另外一个最基本的功能要求就是不要出错。这就是行李系统最基本的两点要求。香港机场的行李系统虽然很先进，但行李转出来要半个小时。而新加坡机场要求行李在飞机到达 25 min 内交给旅客，这也就是说第一个旅客走到转盘的时候，第一件行李就出来了。浦东国际机场的行李系统也是按照上述这个思路做的，专家们来检查运行的时候，认为这么大的行李系统一定是机场运行能力的瓶颈，因为如果只给中转 45 min 的话，一般行李系统就需要 30 min 以上，可是当专家们看到我们的行李系统以后，就知道他们的担忧是多余的，因为浦东机场的行李系统根本不需要 30 min，十几分钟就可以把行李交给旅客或者航空公司。我们的基础设施越做越大以后，常常把问题搞混淆了，系统越来越复杂，要求越来越多，把它们放在一起处理，就把这个系统做得非常庞大，最后基本的指标却达不到。因此现在国际民航组织特别重视这个问题，要求旅客必须在 45 min 内完成中转。

6.2　设计理念要与时俱进

设计的观念是变化的。设计院是一个经济实体，它的最大利益是最快出图出产值，如果你不提要求，它往往就会把以前的图纸给你，所以我们必须要求每一次做设计都要有所提高，要与时俱进。例如浦东国际机场的设计中总结的经验就要用到后期建设的虹桥机场去。前述虹桥国际机场新的行李系统，就在浦东国际机场行李系统的基础上大大提高了一步，如果我们管理者不做，只要求设计人员去做是很困难的。

案例 061　**轨道交通的车辆基地**

这里举一个轨道交通车辆基地的例子。我们做的上海轨道交通 3 号线北延伸工程在宝山的基地，设计院起初很快出了一个方案，基地内按不同的专业、不同的功能要求，设计了 22 幢楼，以往的车辆基地都是这样的。我们与设计人员讨论，有些东西是不是需要改变。

第一个是要均衡维护。过去我们都是规定每月修理什么，每周修理什么，然后每天修理什么，但是英国不是这样的，它是均衡维护，就像现在的电梯一样，设备一般都有规定的寿命，每天都要进行均衡的维护管理，不要等到它坏了才去维修。如果采取均衡维护，工作量比较分散，这样设备就不会某一天大量地进厂维修，也就不需要很大规模的设施。比如在一些发达国家，在车站里就把维护做好了，不再需要巨大的车辆基地，我们现在还做不到这一点，但是我们需要引进这种理念。

第二个就是模块化生产或者说模块化维修。现在的轨道交通设备实际上已经是这样了，某个模块坏了，不需要把车拉到车辆基地去，只需要把这个模块拿去修理就可以了。上海磁浮示范线就是这样，车辆下面全是一个个"抽屉"，这些"抽屉"就是一个个模块，哪个模块出了故障，只需要把这个"抽屉"抽出来，换上新的"抽屉"，再把换下来的"抽屉"拿回去检测就可以了。这说明既然车辆已经模块化了，那我们的维护也要模块化。如果这样做，我们基地的建设一定会发生很大的变化。而且这种模块和以前分的专业模块是不一样的，可能是一个模块对应很多专业，也可能是一个专业要修理很多不同的模块，这样你就不能一个模块一个专业这样去建设。

第三个是零部件的物流模式。轨道交通车辆基地的仓库里存放的很大部分是备品备件，那么上海有那么多的轨道交通线，是不是应该建设一到两个物流中心？这样就不必要每条线建一个零部件仓库了，每条线都建自己的仓库不仅占地方，而且还会把资金压在那里。就像我们的机场，如果让波音在上海建一个物流中心，那么我们的航空公司就不需要把资金压在备品备件上了，需要的时候就把备品备件买过来，不需要的时候都是波音公司的。对于生产厂家来说，它不在乎，如果不建物流中心，它也是要准备备件的。又如奔驰汽车，全世界就有几个物流中心，需要某个零件的时候，打电话给它，明天一定可以把这个零件空运过来。很少有汽车维修商敢把奔驰汽车的零件买几个放在仓库里的，因为太贵了，把资金压在这上面没有必要也不可能。

第四个是服务模式的调整。有的供货商可以提供终生维护，如果在设备采购时一起采购服务的话，费用是比较便宜的，而分开采购的话，费用会比较贵。

讲评：

上海轨道交通 3 号线北延伸工程的车辆基地在上述理念的指导下得以大大优化，用地规模减少了很多，效果也很好。后来一些其他的车辆基地也采用了这些理念和方法。现在上海的轨道交通车辆段都进行了统一协调，不再是一条线配一个车辆基地。

案例 062 ｜ 消防性能化

　　另外一个例子也是比较重要的，就是我们在大型公共建筑中经常采用的消防性能化评估。因为现在的许多大空间建筑，不适用现有的消防法规，用现有的法规去套可能都是违法的。浦东国际机场一期工程时，我们是国内第一次大规模做消防性能化分析的，现在全国很多建筑把它作为一个经验，都采用了消防性能化分析。当时，国外的很多消防性能化公司都来帮我们做这个分析。

　　在浦东国际机场二号航站楼的设计中，我们通过消防性能化评估，引入了"防火舱"、"燃料岛"、"冷烟清除"、"分阶段疏散"、"人流量法"、"允许疏散距离与宽度"、"钢结构防火"等新的概念和方法；然后基于消防工程学原理，通过一系列的计算、模拟、定性和定量分析，建立了一套新的、可操作的消防性能化设计标准，最终满足了已有规范要求的安全度，又弥补了已有规范的不足和局限性，从而使我们在 44 万 m² 这样一个巨大建筑空间中得到了一个比较满意的空间效果（图 6-6）。

> **图 6-6** 浦东国际机场二号航站楼室内空间效果

这里说明一点，我们会遇到一些问题，依靠现在的法规是不好操作的，必须依靠新的理念，才能够有所进步。这些理念不应该是放松已有的要求，而应该是更加严格的、可以操作的要求。

6.3　功能要求要以人为本

我们经常会看到这样一种怪现象：做功能分析的人总会与运营部门商量功能需求，听取运营管理人员的意见，由于我们不可能把施工图拿去跟旅客讨论，而运营管理部门不停地提意见，往往使我们的方案变成了以管理方便为目的了。因此，我们要时刻注意以人为本是以旅客为本。在轨道交通设计中有一个换乘的问题，过去我们不太关注，造成旅客换乘距离特别长，比如上海轨道交通 1 号线、2 号线在人民广场换乘，每天都有几十万人要走一个很长的通道，这不仅仅是社会效益的问题，像轨道交通这样的基础设施使用量很大，某些细小的失误会带来很大的安全问题。

案例 063 ｜ 地铁车站的站长室和厕所

我们在做上海轨道交通 3 号线北延伸工程时遇到了站长室和厕所的问题。过去我们的地铁车站，旅客遇到问题找站长是找不到的，站长室在最隐蔽的地方。至于厕所，有的车站是没有供旅客使用的厕所的，它的厕所是只给管理人员用的，跟旅客是隔离开的。在日本东京，如果你找不到地方上厕所，就可以去地铁车站，那儿一定有厕所。我们不是这样，很多地铁车站里是找不到厕所的，不是没有厕所，我们有很好的厕所，但是往往只是为管理人员服务的。所以我们做 3 号线北延伸工程时，要求站长室和厕所必须位于旅客在站厅里能够看到的地方，要以旅客为本，而不是以管理者为本。

案例 064 | **机场的标识系统**

还有一个例子就是标识的问题。机场旅客出发流程、到达流程、中转流程，以及贵宾流程比较复杂，设计者往往会设计大量标识牌来引导旅客。

其实，标识问题和流程问题是同一个问题，我们往往会因为太重视标识问题而使标识系统做得非常复杂。我想说明的是：好的流程系统是不需要太多标识的，是在流程设计与空间设计阶段就已经做得简洁明了的一系列"空间组合"。旅客最好不看标识就知道怎么走，而不是做了一大堆标识才是"以人为本"。如果要靠做一大堆标识才能够引导旅客，建筑设计本身就有问题，说明我们在流程上不是以旅客为本的。我们应该把流程和空间设计好，使得旅客可以少看标识而不走错路。图 6-7 所示为虹桥国际机场二号航站楼的标识系统示意。

> **图 6-7**　虹桥国际机场二号航站楼标识系统示意

6.4　功能要与价值相匹配

"功能与价值相匹配"简单点说，就是什么样的功能花什么样的钱，不要超过功能要求花太多的钱，也不要花得太少而满足不了功能要求。

案例 065　　浦东国际机场一期工程的航显系统

　　浦东国际机场一期工程建设时我们采用等离子显示器作为航显终端。当初等离子显示器刚刚面市，一台要 10 万元，我们大批量采购，给我们打个折，一台也要 8 万元。因为这种显示器比较薄，且看的时候没有方向性，作为航显终端特别好，但是在当时，这个价格对我们来说实在太贵了，也就是说价值与功能需求有了偏差。但我们从上到下，所有人都觉得等离子显示器好，很想用，怎么办呢？我想了一个办法。当时，等离子显示器作为航显一般是 3 块一组或者是 6 块一组（图 6-8），只要我们每 3 块拿出一块做广告，一块广告一年的收益是 30 万元，这样就等于另外两块是免费的了。

> **图 6-8**　浦东国际机场一期工程的航显系统

　　这里要说的是功能和价值要相对应。如果功能与价值不对应、有差异时，我们就要附加功能或者附加价值上去。

案例 066　　浦东国际机场二号航站楼的广播系统

　　浦东国际机场二号航站楼有个广播系统，我们当初讨论设计的时候，设计人员大概受了厂商的影响，在介绍的时候说这个广播系统非常好，其中有一点就是这个广播系统能够自动广播19种语言。我就问他，我们需要几种语言？答案是最多需要4种语言。于是我就要求我们的标书应明确只需要4种语言的自动广播。后来他们就按照这个思路修改了系统要求，公开竞标采购的价格比原来低了很多。原来的系统确实很好，但可能那19种语言中的15种，20年中只会用到一次，这样值得吗？现在的广播系统属于智能化系统，生命周期比较短，10年左右就要更换了，也就是说可能我们还没有用到19种语言的时候系统就已经该更换了。

案例 067　　浦东国际机场二号航站楼登机口的残疾人电梯

　　浦东国际机场二号航站楼设计之前，我们的运行单位（主要是安检部门）为了方便，要求每一个登机口都设置一个残疾人电梯，这个理由很充分，既能实现安全隔离，也能为残疾人提供好的服务。于是，我们26座登机桥设计了26部残疾人电梯。后来股份公司的老总看了，说不能这样花股民的钱，2部电梯合成一部也可以，根本没有那么多需求量。我们根据他的意见修改了方案，现在只有13部残疾人电梯，一样能满足要求。如果仅仅是从功能和安全上的需要考虑，当然是一部电梯对应一个登机桥比较好，但是分析了需求量以后，考虑到残疾人能够接受的距离，2部或者3部电梯合成一部是能够满足要求的。

案例 068　　机场航站楼前的广场

　　许多机场的航站楼前都有很大的喷泉广场，实际上这不是功能需要的，而且还破坏了功能，因为航站楼前是最好的交通集散地点，作为停车和公共交通功能用地是最好的，作为旅客休息、开发宾馆也是很好的。特别是有些机场一方面亏损严重，一方面又放着航站楼前土地这个"金饭碗"不用，甚至用这个金饭碗"要饭"。当然，如果真的有余地拿出来做一块草地，做点喷泉是可以的，但是现在有些机场往往做得过了度。有一座机场，在航站楼前做了一个宽 2 km、长 3 km 的大广场（图 6-9），我不知道这是一种什么样的功能价值观！

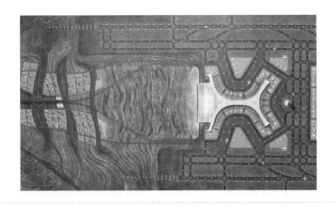

> **图 6-9**　某机场航站楼前的巨大广场设计

我这里再举几个例子，看看别人的航站楼前这块宝地是怎么利用的。

第一个是著名的荷兰史基浦机场（图 6-10）。这里被誉为欧洲的客厅，开发有地铁、高铁、公交、停车库等交通设施和国际贸易中心、办公楼、旅馆、商业零售店等各种商贸服务设施，与航站楼完全一体化。

> **图 6-10**　荷兰史基浦机场的航站楼前开发

第二个是德国的法兰克福机场（图6-11），它的航站楼前开发与史基浦机场类似，只是更加集约，更加讲究效率、效益。

> **图6-11**　德国法兰克福机场的航站楼前开发

第三个是上海的虹桥国际机场，其航站楼前是综合交通枢纽和一个被称为长三角CBD的虹桥商务区（图6-12，图6-13）。

> **图6-12**　虹桥国际机场航站楼前开发的商务区

> **图 6-13** 虹桥综合交通枢纽＋虹桥商务区＋国家会展中心示意

第四个是西安咸阳机场，航站楼前的商务区也是备受瞩目（图 6-14）。

> **图 6-14** 西安咸阳机场的航站楼前商务区规划

还有深圳机场（图 6-15）等，现在大家都重视航站楼前的开发了。

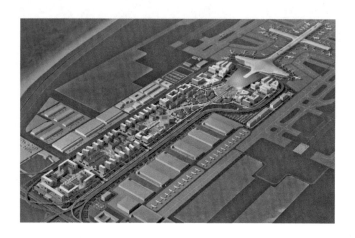

> **图 6-15**　深圳机场的航站楼前开发规划

6.5　最低功能需求与舒适性需求的关系

我们一谈功能往往会过于强调最低基础功能需求，而会忘了舒适性的需求。要注意的是我们的设计标准是控制最低标准的。

这里面有几个概念要搞清楚，要弄清楚"强制性标准"与"建议性标准"的区别。很多设计院往往忽视了这一点，设计的时候有了规范，不同的要求却一样地对待。实际上，设计和管理人员应该很清楚，国家的法规是强制性的，但还有许多技术标准是建议性的。比如民航界，我们经常会把国际民航组织建议的"附件十四——机场"错误地作为法规来对待，其实这个技术标准里面的绝大多数要求都是建议性的。

案例 069　｜　**轨道交通的站台最小宽度和自动扶梯选用**

我们的法规里面（其实不该叫法规，是个技术性的规范），规定轨道交通车站的站台最小宽度不小于 3.5 m，有些地方的规定比这个还大，为 5 m。上海市甚至规定站台必须要有自动扶梯。有一次我们在建科委讨论这个问题，我提出，如果这个车站是地面站呢？为什么一定要自动扶梯？日本人均 GDP 已经达到 40000 美元，也没有这个规定，他们很多车站都没有自动扶梯。其实是否需要自动扶梯的关键指标是旅客量，如果旅客量大到一定的程度，考虑楼梯疏散能力有限，或者还有一些舒适性的需求，可以选用自动扶梯。我们地铁在郊区的车站，有的一天旅客量才几千人，做了自动扶梯就是浪费。如果我们把车站做成一个多层建筑，可能里面就需要 7~8 个自动扶梯，这是非常浪费的。

站台的最小长度也是这样，按我们现行的法规规定，再小的车站哪怕高峰小时只有几十人，这个站台也必须和列车一样长，如果列车长 200 m，这个站台的长度就需要 200 m。在日本我就看到许多车站只有两节车厢长，且中间宽两端窄。我们的法规常存在这些问题。我觉得还不如把钱用来将车站做小些，而提高它的舒适性。

案例 070 | **厨房、卫生间的面积**

在许多情况下，空间需求问题不是越大越好，比如住宅中厨房和卫生间的面积问题。现在住房面积大了以后，设计人员往往就不会做厨房了，常常会简单放大，把厨房、卫生间做得很大，特别是有些豪宅的卫生间做得很大，这是不对的。实际上，舒适性和面积不一定成正比，有时候面积大了，舒适性不一定提高。就像厨房，人体工程学的研究表明，最好的厨房空间是主妇站着不动就可以拿到厨房里的任何东西。卫生间也是这样，最好是在其中伸手就能拿到所有的东西。

案例 071 | **机场车道边**

浦东国际机场二号航站楼的到达车道边按照我们理论上的计算，是不需要这么长的。所谓车道边是指旅客上下汽车的地方，到达车道边就是旅客离开机场上车的地方。根据单位车道边在单位时间内有多少旅客上车，就可以计算出需要多长的车道边。在规划设计中我们考虑到实际的情况，考虑到舒适性，在二号航站楼就做了很多工作。因为常常不是像我们计算的那样，有时候车辆到了之后旅客要搬很长时间的行李；有时候车辆到得不是那么及时，车道边没有得到有效的使用，等等，那么车道边的实际需求就比理论计算的要多得多。浦东国际机场一期工程计算的车道边的量是能够满足要求的，但是实际使用起来很拥挤，最后不得不禁止使用社会车辆的旅客停靠车道边，把他们"赶"到停车楼里去，造成很多旅客抱怨。我们在二期工程时就做好一点，设计了比功能分析计算得到的数量多得多的车道边，而且所有车道边都做在建筑里面、车库里面，一方面有比较好的遮风挡雨条件，另一方面规模也比较大，这样就把舒适性做得比较好了。

　　浦东国际机场航站区彻底的人车分离示意如图6-16所示。

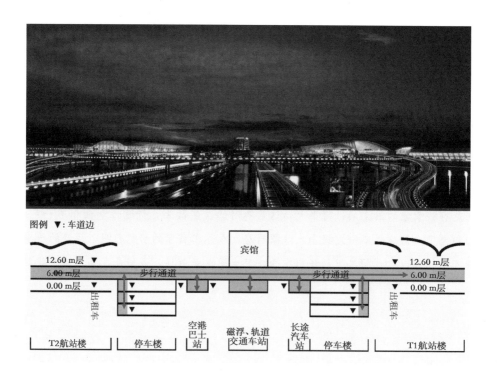

> **图 6-16**　浦东国际机场航站区彻底的人车分离示意

案例 072 | **步行通道的宽度**

我们许多交通通道都有宽度不足的问题。浦东国际机场交通中心的步行通道经过计算12 m 就够了，但是我们做了 30 m，就是考虑旅客在通道内可能停留，两侧还可以做些商业、服务设施，而且通道里面都设计了空调，这样做到以人为本，把旅客的舒适性提高，旅客可以在里面停留。原来设计是不考虑旅客在里面停留的，据查日本人做过分析，如果通道不允许任何停留，宽度 6 m 的时候效率最高。北京火车站原来就有这么一个问题，门前的广场很宽，但平时里面总是人很多，后来把它围成很多 6 m 左右的通道，只允许人直接通行，结果反而不拥堵了。这说明功能定位和深入细致的，甚至是定量的分析是很重要的。

讲评：功能分析是我们常用的重要方法，总结一下有三个原则：

（1）简单问题"简单"处理，复杂问题"复杂"处理。我们不要把很多问题搅和在一起，所谓科学使问题更简单，就是不要用处理复杂问题的方法来处理简单问题。

（2）简单问题不要加起来变成复杂问题。如前所述，我们讲到的行李系统，有 12 个转盘，就不要把它们全部加到自动分拣系统上，没有必要把全部行李都用自动分拣的方式来分拣，否则就把简单问题搞得复杂化了。

（3）复杂问题要尽可能分解成简单问题来处理。我们之前说的行李系统，就应该把特殊的需求归类，比如交通中心的旅客、中转的旅客等都拆开，不要把所有的问题混在一起。虹桥国际机场的规模是按照年旅客吞吐量 4000 万～5000 万人次来设计的，如果像某些机场一样对待各种各样的旅客，首先想到的就是让所有的行李都上自动分拣系统，这样最起码要有 3 个现在这样的系统，可能还不够，因为有了 3 个以后，可能行李还需要有联络这 3 个系统的自动分拣系统，像香港机场就有 8 个这样的系统。

总之重大基础设施设计比较复杂，不要被表象迷惑，要彻底摸清实质需求（所谓功能）。有时候给你提出需求的人，提出的不一定是实质性的需求，他只是从一个角度提出要求，我们一定要搞清楚到底实质性的需求是什么。前面讲的这些案例实质上讲的就是一个原理：要利用价值尺码，分出功能等级。

我们分析基础设施功能的时候，要尽量把最实质性的需求找出来。但是，寻找实质性需求很困难，往往运行管理者和使用者提出的需求都不是实质性的需求，只是使用上的要求，只是一个角度提出的问题。怎样去识别这些要求，需要一定的知识背景。要学会从这些要求中寻找出、提炼出最关键的指标，然后用于设计。比如车站最基本的功能是集散旅客，那么最关键的指标就是通过能力；机场行李系统最关键的指标是行李运输速度和不要出错，处理好了这两个问题，它就是一个好的系统，而不是说越复杂越好。

最后给大家出个课余作业题：某先生想在家里安装一台空调，需要在墙上打一个洞，于是他请教朋友。朋友告诉他：你需要买个打孔机，然后到某培训中心去学一下，最后再回家打这个洞。某先生照办，但是最后发现打好的洞孔径不对。请用本章讲到的内容分析一下这个故事。（提示：该先生的需求是什么？洞还是打孔机？什么样的洞？）

我们千万不要做"要牛奶，结果去买了头奶牛"、"要孔洞，结果去买了个打孔机"这样的事。

第 7 章

目标价值法

目标价值法类似于设计人员的限额设计。设计管理中的目标价值管理是指对设施将来运营中的功能目标的确定和目标实现过程的管控，即通过功能目标的确定，在设计院开始工作之前就确定项目的总投资额，并以此为目标开展设计管理的手法。目标价值法的重点并不是（功能目标）价值本身的确定，而是在确定了目标价值后，如何管理好项目的前期工作。

采用目标价值法进行设计管理需要具备两个前提条件，一是设计范围内采用的是成熟技术，或者说该方法只适用于成熟技术；二是设计范围内已经具备较为完整、系统的设计法规和技术标准体系，即具备较好的管理条件。如果管理的项目是一项新技术，比如磁浮交通，或者是法规系统正在发展完善中的设施，比如机场航站楼，就不太可能利用目标价值法。

我国的城市轨道交通和国家铁路系统是比较成熟的基础设施系统，国家规范和标准已经非常全面，有一套比较完备的管理法规，甚至连设计计算本身的方法和相应控制的标准国家都规定好了，在这种条件下，轨道交通和铁路建设采用目标价值法是比较合适的。这样一来，很多方面就不用深入到项目中做具体的功能价值分析，因为任何地方建造铁路和地铁都是差不多的，有差异的仅仅是外部环境，如地质条件、城市环境等。

相比较，我国的民航机场领域就不一样。世界上民航的大发展是从 20 世纪 80 年代冷战结束后才开始的，我们使用的很多标准都是别人的参考建议以及美国的经验。机场这么复杂，常用的参考文献也就是《国际民用航空公约》的"附件十四——机场"，我国自己制定的规范、标准很少，不像铁路系统任何一本规范的内容都很详尽。比如机场旅客行李处理系统（Baggage Handling System，BHS）、航班信息系统（Flight Information System，FIS）等，国内都没有任何规范。

所以如果要采用目标价值法进行设计管理，项目本身必须技术比较成熟，而且要有完善的相关法规。

利用目标价值法管理项目，进行限额设计，基本都能控制住项目概算和预算，一般都是工程可行性研究比工程预可行性研究少、初步设计比工程可行性研究少、预算比概算少、决算比预算少。即使某些项目在技术上还不是很成熟，但是如果针对总目标和总投资对设计单位严格要求，并做好项目前期工作，一般也能控制住投资规模。

7.1 设立投资和设计的目标

谈到法规和标准，要先讲一个概念，即法规和标准分强制性和建议性两种。所谓强制性法规和标准是指其要求是必须达到的，也叫安全性法规和标准；而建议性法规和标准意味着在可能的条件下希望达到的要求，也叫舒适性标准。

我国的法规没有很好地区分这两者。我们常用的是"应、必须、宜"这些词，并没有严格区分强制性法规和建议性法规。国家建设部搞过一批强制性法规，这种强制性法规类似国外颁布的安全法规，是最低标准的安全性要求；或者有一些不是安全标准，但是是最低标准要求。

国际民航组织（ICAO）在这方面就区分得很明确，凡是建议的，都是舒适性标准。在日本，政府只规定安全性法规，其他都是不管的，所以在日本可以在住宅室内看到很陡的楼梯，这是不满足最低标准的，但是这不属于政府的管制范围，因为不是公共建筑，只要用的人能接受也就无所谓。这在国内就不行，国家有强制性的最低标准，例如在上海某大学周围的几家小商店和小饭店，做了一些很陡的楼梯，都是不符合国家法规的。

案例 073   上海轨道交通 7 号线一期工程

上海轨道交通 7 号线一期工程规划时全长 35 km，起于宝山区外环路陈太路，止于浦东新区白杨路，途经宝山、普陀、静安、徐汇、浦东新区，全线共设 28 座车站，包括 27 座地下车站和 1 座地上车站（图 7-1）。由于上海轨道交通已经有一套比较完整的法规和标准，我们认为可以使用目标价值法通过限额设计来控制投资。

7 号线一期工程预可行性研究投资是 130 亿元，工程可行性研究做出来比 130 亿元还超了一些，开始的时候怎么也压缩不下去。但是业主觉得如果总投资是 130 亿元，那么单公里造价高达 4.64 亿元，实在很难接受。于是，我们向上海申通集团提议使用目标价值法，就是按 100 亿元的总投资目标进行设计。最后几家设计单位，主要是总体设计单位上海城市建设设计院就按 110 亿元把初步设计做下来了。

在初步设计中，7 号线一期工程总体设计单位按 110 亿元做出了总投资，再按照车站、线路、牵引供电、信息与控制系统等投资，一级级分解下去，最后每一家设计单位都是按分解出

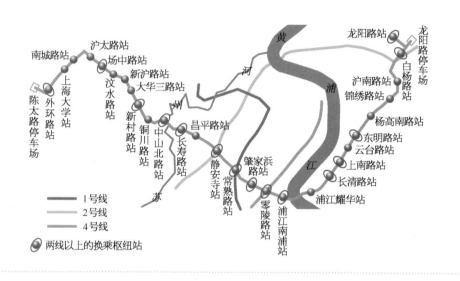

> **图 7-1** 上海市轨道交通 7 号线一期工程规划线路示意

来的投资额度开展设计，同时还对其他一些子项的投资都作了较大的调整。这就要求设计管理者把工作做得比较细，不能简单套用过去做过的习惯和标准来设计图纸。比如根据一般的车站标准图，每个车站都有 2 个以上的出入口，但是 7 号线北部位于郊区的几个车站乘客量较小，可以设计成一个出入口，这样投资就可大大减少了。在 7 号线一期工程中，最后通过设计院的这类努力，我们把总投资控制住了。这说明即使这么大一套系统，只要有完整的法规和标准体系，就可以要求设计院采用目标价值法。

7 号线一期工程最后的实施情况可能还是突破了 110 亿元，因为 7 号线一期工程穿过市中心，仅动迁费用就提高了很多，这方面较难控制，这是后话了。

7.2 参照相似或相同的"标杆项目"

现在，很多项目都可以去参照相似或相同的标杆项目。小的系统，比如装修，就可以采用这种方法。虹桥国际机场航站楼的 B 楼 17 号贵宾室装修花了 600 万元，就是因为有以前相似的项目作为参考。刚开始以为总造价控制不住，就给设计院选定了装修标准的参照对象，并指定了目标价值为 600 万元，最后还是设计出来了。上海机场就有四座明确的标杆机场：仁川（金浦）机场、羽田机场、香港机场和新加坡机场，树立了标杆机场后，虽然不要求浦东国际机场和这四座机场做得一模一样，但是由于机场建设没有相应完善的法规和标准，浦东国际机场有些系统就可以参考这些标杆机场的做法。

案例 074 | **上海机场公务机基地项目**

在上海机场公务机基地项目以前，上海机场集团没有任何公务机方面的经验，也没有相应的管理人员。突然接到建设公务机基地的项目后，我们就从标杆机场中找出香港机场的公务机基地项目进行研究，制订出设计要求，并根据上海机场集团与霍克太平洋公司的合作协议中提出的项目投资要求，开展了确定目标价值的设计管理工作。最终，我们得到了一个大家都比较满意的结果（图 7-2）。

> **图 7-2** 上海机场公务机基地示意

🍃 **讲评**：当然，标杆要定得好，单个项目的标杆选择和整个机场系统的标杆选择是不一样的。采用"标杆项目"是目标价值法中比较有效的方法，当我们不了解其设施功能需求，不清楚其使用要求时，跟着标杆走不失为一个好的选择，否则没有这个作为参照的标杆就无从着手，而且做完后也不知道怎样考核。比如装修，花多少钱都可以，好坏很难评判。因此对于运用目标价值法管理的项目，怎样考核是一个有待研究、探索的问题。

7.3　确定投资总额或单价

我们可以通过确定项目投资总额，或者是对单价与总额关系简单的项目设立单价，来作为设计目标，进行投资控制和设计管理。

案例 075 ｜ 浦东国际机场一期工程建设中日元贷款的使用

日本海外协力基金的日元贷款财务成本很低，具有利息低、还款限期长的优点，但是使用日元贷款也面临着许多困难和风险，包括：审查手续复杂，审查周期长；必须采用国际竞争性招标采购方式，使招投标的周期加长；产品选择和汇率风险大等，具有很大的难度和挑战性。

浦东国际机场一期工程建设时，一号航站楼内的贵宾楼和行政办公楼装修工程（图7-3）如果按常规先做完设计，然后再按照日元贷款的程序去招标，那么就没法采用国际竞争性招标采购方式，很难符合日元贷款的程序，工程进度上也肯定来不及，日元贷款就可能用不成了。所以，当时指挥部就定了投资总额，即装修总投资是多少，也就是说准备花多少钱，然后拿总额去招标。招标的时候，要求投标单位连设计带施工一起投标（EPC），这样一来在钱都一样的情况下，就看哪家做得比较好了。这样做就比较好操作，如果不采用这种方法，浦东国际机场就没有办法在这两个项目上使用日元贷款。浦东国际机场一期工程使用的日元贷款是总额的98.5%，是全世界最高的。国内很多项目的日元贷款只用到总额的百分之十几，就是因为日元贷款有一套很规范和复杂的程序，不符合程序的话贷款就用不成。指挥部用了上述这套方法，把日元贷款的钱都用足了，可以说很成功。

> **图 7-3**　浦东国际机场行政办公楼

案例 076 **施湾镇机场生活区的规划设计**

浦东国际机场一期工程指挥部按照机场建设的配套要求，需在机场镇建设生活区。当时怎么做和做什么都不是很清楚，可行性研究报告里对生活区也没有详细的描述，只是规定了总投资额。所以当时指挥部根据市场情况，规定了单价为 1500 元/m²（不包括土地成本），用这个单价去对规划设计招标，最后把生活区建成了（图 7-4）。这次做得比较成功，比原来想象的要好，投资建的量比较多，质量也比较好。

> **图 7-4**　浦东新区机场镇机场生活区平面图示意

7.4　要有详细的专业审查

设计管理者不能把项目设计招标后就不管了，我们是请了许多专家长期帮助指挥部审图，特别是指挥部没有提出详细设计要求任务书的项目，更是审查的重点。对于按投资总额或单价进行造价控制的项目，指挥部都要请专家和专业人员来审查。这个审查和政府的审查不一样，政府偏重于程序上的正确性审查，指挥部则偏重技术上的正确性、可用性的审查和投资控制，特别是审查我们在这个项目上投资的钱值不值得，该投资的地方有没有投资到位等。

案例 077　**浦东国际机场二期扩建工程的设计审查**

浦东国际机场二期工程期间，我们邀请了常聘和非常聘的专家顾问近 30 名，对 300 多个土建设施的设计和系统、设备的详细设计及招标文件进行详细的专业审查，特别是针对这些项目在可行性研究中的投资进行调控，使二期工程的投资一直处于可控状态。

　　另一方面，我们从一开始就要求计划财务部门把可行性研究的投资按照工程实施的"包"和设计分工的"块"进行拆分，使这些项目与投资一一对应，也就是将设计文件、施工标段、系统与设备区分、资产分块结合起来，以利于对这些过程的目标价值进行管理。

讲评：对于设计管理者来说，设计审查的重点有两个，一是是否满足使用需求；二是投资是否控制得住。那么对照可行性研究的要求审查，组织对设计进行详细的专业审查，就是设计管理的核心工作内容之一，也就是对整个项目实施过程的目标价值进行管理。

第 8 章

标准监控法

在设计过程中设计单位会采用各种设计法规、技术标准、设计惯例、标准图等，这些都相当于任务书，都会对项目的成本、进度、质量，甚至安全造成重大影响，这些都是设计管理工作需要严密监控的。很多人不太注意，认为有国家相应的法规，只要设计单位按照这些法规和标准设计就可以了，业主就没有责任了。

实际上，每一种标准都有很多值得商榷的地方。标准编制的时候有很多取向，我们的国家标准一般没有严格区分强制性标准和建议性标准等，同样是强制性标准，铁路桥梁和公路桥梁的时间原则就很不一样。有的标准和标准之间还不配套，这就要求设计管理的时候必须特别注意。标准监控主要是对设计规范、安全法规、舒适性标准，特别是设计习惯等方面进行监控。

8.1 设计法规和标准监控

对设计法规和标准进行监控时，很容易把概念混淆。比如有的不是标准，不是法规，只是惯例；有的只是设计单位内部的标准图；有时一个地铁车站的标准图不知道被用来盖了多少车站，也不管车站的具体情况。因此，设计管理中对设计法规和标准监控，首先要弄清楚哪些是法规和标准，哪些是惯例。如果只是惯例，不合理的地方，设计管理者就应该坚持让设计单位改正。

案例 078 | **设计标准与惯例——两个 5cm**

浦东国际机场一期工程建设 1 号跑道时，当时设计单位没有通过任何讨论就把他们的一个设计惯例作为标准放到初步设计中，就是要求跑道沉降不超过 5cm 和不均匀沉降不超过 5cm。按照我国的法规，如果没有另行规定，初步设计就作为竣工验收的标准。这在当时是一个重大问题，因为在浦东国际机场的建设用地上要做到这两个 5cm 是不可能的。指挥部就问设计单位这两个 5cm 是怎么来的，有什么依据？设计单位说是标准。实际上没有找到有正规法律依据的标准，只是惯例。

过去机场选址是大事，多选择建造在地质条件好的场地上，所以控制这两个 5cm 是有可能的。但是这两个 5 cm 本身并不合理，如果整体沉降控制为 5 cm，不均匀沉降还要控制为 5 cm 就毫无意义，因为不均匀沉降量一般比整体沉降量还要小。实际上在浦东国际机场建设以前，很多小机场也碰到过这样的情况，但是他们没有去据理力争，而是花了很多的钱去处理地基，以求达到这个要求。浦东国际机场是在海边的滩涂上建设的，地基相当软，如果控制地基整体沉降不超过 5 cm，投资会增加很多，而且不均匀沉降要控制在 5 cm 内也没有明确的定义和要求。实际上这种设计惯例没有经过严格的科学论证。指挥部从设计一开始就和设计单位讨论这些问题，一直争论到最后验收。指挥部做了一系列的实验和检测，包括不同地基情况下沉降的分析，同济大学课题组也帮助指挥部做了全程的跟踪研究。但直到一期工程竣工，这个事情也没有结论。在验收的时候仍然有不同意见，认为浦东国际机场跑道沉降不合格的大有人在。甚至，当时报纸和电台还报道说浦东国际机场可能要沉到海底。

实际上浦东国际机场是国内第一个用基岩标观测跑道沉降的机场。经过对浦东国际机场跑道近 10 年的长期观测，我们和很多专家现在已经达成了共识：没有必要控制跑道的不均匀沉降。这是个很大的突破，实际上是改变了"标准"，而且针对不均匀沉降应该怎么认识，怎么控制，指挥部也形成了一系列的科研成果，最后慢慢就形成了科学的理论。

浦东国际机场二期工程的时候，指挥部在此基础上又作了更进一步的深入研究。过去对沉降的研究都基于小机场，基于跑道结构本身是主要的荷载。浦东国际机场经过长期的观测认为：跑道的前期沉降主要是结构荷载，但大机场和小机场到后期情况就完全不一样了，小机场每天航班起降量很少，跑道结构仍然是主要荷载；大机场平均每分钟就有一架飞机起降，后期运营中飞机荷载对它的沉降影响也很大。浦东国际机场二期工程建设中，设计上对跑道沉降的标准也改为工后沉降不超过 35 cm，不均匀沉降不超过 1.5‰。整个跑道沉降的控制将不再是原来的理念。

 讲评：这个设计标准的改变，对投资的影响是巨大的。

案例 079　　轨道交通车辆配置

我国轨道交通车辆配置的标准是要能够满足高峰小时高断面的客流要求。

图 8-1 说明的是高峰小时高断面客流的概念。图中上部的坐标系是说明在一个轨道交通系统中，某一个车站客流量是最大的，比如上海轨道交通 1 号线的人民广场站。下部的坐标系说

明的是在不同的时间，客流会有波峰波谷的变化，早上上班和下午下班时段是高峰。

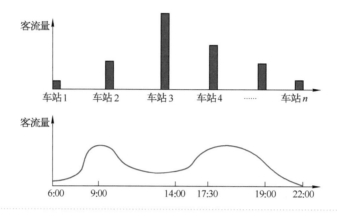

> **图 8-1**　高峰小时客流的概念

　　那么按照我们的设计标准就是要满足人民广场站在高峰时的所有旅客都应该能够上车来配置轨道交通1号线的车辆能力。也就是教科书上的要求：车辆配置按照高峰车站的高峰小时来配置，即要保证在高峰时段，高峰车站的旅客能够上车。

　　其实有的国家不是这样做的。因为这样的话，很多列车在很长的时间内运能将是空置的，整体客流量不可能达到运能的饱和状态。日本的做法是通过把高峰削掉来配置车辆，让高峰时有的旅客上不了车。对于上不了车的那部分旅客，他们认为应该是整个交通系统来重新分担；另外就是太拥挤的话，很多人就不急于上下班，会分时上下班，从而把高峰时段拉长，降低高峰值。

　　这里我不想评判各种车辆配置理念的好坏，我想要说明的是对同一个问题会有不同的标准。设计单位按惯例编制的可行性研究报告里都是按照高峰小时高峰客流量的数据来配置车辆的，作为业主，需要综合考虑效益以及其他方面的因素，或者说应该研究是不是有其他变通的方法来作出决策。

案例 080　**上海磁浮示范线龙阳路车站空调系统**

　　上海磁浮示范线龙阳路车站的空调问题也是标准的问题，但不是技术标准的问题，而是舒适性标准的问题，其他轨道交通的高架车站也存在类似的问题。在我国有些高架车站是配空调的，上海磁浮示范线浦东国际机场车站站厅就配有空调，但没有法规说必须配空调。那么我们要考虑该采取什么措施来解决最低标准和舒适性标准的问题。

　　同样是上海磁浮示范线，其龙阳路车站就把空调取消了，有两个主要的原因：第一是全站空调能耗很大；第二是磁浮列车里有空调，考虑运行时是车等人，不是人等车，因此就不必为在站台候车的旅客配置空调了。这样一来，龙阳路车站的舒适性标准就降低了，但是整个投资由原来计划的 2 亿元降到了 9000 万元，而且才有可能做成现在这种轻巧的形式（图 8-2）。

> **图 8-2**　上海磁浮示范线龙阳路车站轻巧的外形

案例 081　｜　**上海轨道交通 3 号线江杨北路站的车站标准**

　　前面讲到了上海轨道交通 3 号线江杨北路站的模块化设计问题，这里讲述江杨北路站的设计标准问题。

　　江杨北路站地块原来是用来做车辆段（车辆基地）的，见图 8-3。轨道交通的车辆段内都设有一个车站，是为地铁公司员工上下班用的。由于这种车站是基地内部员工使用的，不对外营运，所以车站的标准比较低，不套用一般车站的标准，比较简易，站台长度也很短。当时指挥部为了方便周围的居民，优化了设计方案，把车站移到北部，使这个车站位于车辆段的外面，这样一来居民就可以使用了。但是车站移动后就带来了争议，因为变成对外营运了，标准怎么办？指挥部在江杨北路站作了大胆的尝试，只在原站台上增加了不多的设施，建了简易的站厅，而且考虑以后的扩展，又多建了一个站台。这样只是把原来车辆段内部的车站对外使用了，整个标准没有什么大的改变，就使其成为一个正式的车站，可以为一大片居民区服务了。

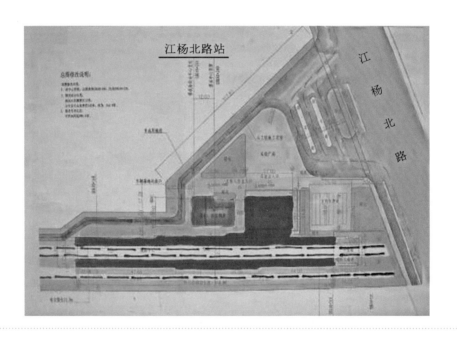

> **图 8-3**　上海轨道交通 3 号线北延伸段江杨北路站设计图

　　江杨北路站建完以后反响很好，这就给设计管理提出了新的问题：到底轨道交通车站的标准应该是什么？上海市有完整的车站设计标准：《上海市工程建设规范：城市轨道交通设计规范》（DGJ08-109—2004，J10325—2004），这本标准很厚，如果按照其标准来做，江杨北路站可能要比当前花费多得多的投资。但是标准降低了以后车站也好用，那么应该是把标准降低一点多建几个车站为居民服务好呢，还是按高标准少建几个车站好呢？这可能会引起一场没有答案的争论。如果江杨北路站用高标准来建，因为当时没有这部分投资，可能是建不成的；但是最后标准降低了，所有的审查都通过了，专家认为这是为老百姓做了好事。这让我们看到设计的标准不同就会有这么大的差距，如果不去改变标准，按照一般的标准来做，可能就没有江杨北路站了。

讲评： 所以说过去的惯例、概念，一成不变地套到一个新的场合是不合适的。人们都有思维的惯性，遇到新问题时，往往以过去的思维来思考，所以在管理的时候必须严格控制设计标准。很多标准从严格意义上来说，作为法规是不够格的。严格意义上的法规，是由人大、政府颁布必须严格执行的最低要求、安全要求。其实在设计方面，这方面的法规很少，我国在技术领域没有把标准和法律严格区分开来。

8.2 安全标准监控

由于重大基础设施的公共性，其在运营时的安全保障问题处于很重要的地位。在美国"9·11事件"以后，机场的安全问题更是成为万众瞩目的焦点。现在一提到安全问题，其他很多情况就必须无条件让步。但是安全的保证需要付出代价，设计管理中的安全标准监控就要仔细研究，在设计中付出怎样的代价以确保怎样的安全才是真正科学和可靠的。

案例 082   **轨道交通运行控制用通信设施的多重保险**

轨道交通运行控制的通信系统很重要，一旦出了问题就会影响到运营安全。但是怎样保证通信安全呢？过去的办法是同时采用 4 种通信方式：普通电话、专线电话、对讲机、移动电话。这样看上去很安全，无论哪一个出问题，甚至 2 个、3 个出问题，都能保证通信安全。但研究风险控制的人都知道，风险控制并不是保险越多，风险越低。如果有 4 个保险，可能坏了 2 个也不着急去修复，但有时还真就 4 个保险都坏了；如果只有 2 个保险，情况可能就不是这样了。

保险多了安全度是增高了还是反而降低了呢？另外是不是保险备份系统都要自己单独另做

一套？因为备份系统是在正式系统出故障的时候才用，而且只用很少的时间，能不能借用社会资源解决问题呢？

我们在做上海磁浮示范线的时候就决定只采用对讲机一种通信方式，把其他的通信方式都取消了。但如果对讲机出了问题怎么办？由于磁浮公司所有工作人员都有手机，磁浮公司就和中国移动公司签了协议，到时租用中国移动的网络就可以了。普通电话如果做通信用，使用的时候可能只是作为普通电话使用，而专线电话的成本很高，需要有总机等设施，这些其实都没有必要，一个很重要的思路就是要利用社会资源。在绝大多数情况下，磁浮列车运行指挥都用对讲机，这样是不是不安全了呢？至少到现在为止，磁浮示范线从来没有因为通信问题而影响到安全性。

案例 083   机场空管通信和生产信息通信

浦东机场与虹桥机场之间的空管通信和生产信息通信非常重要，为了要安全保险，最简单的办法就是铺设两条光缆，互为备用。但是通过反复论证，最后空管局只铺设了一条光缆，另外一条跟上海电信局签订协议，一旦自己的光缆出现问题就借用电信局的光缆。到现在用了许多年，原来铺设的这一条光缆从来没有出过问题。

案例 084   机场行李自动分拣系统的备份

机场的行李自动分拣系统是一个直接影响机场运行安全的关键设备。为了保证这个系统安全可靠，设计人员起初就提出了做两套这样的系统互为备份的方案。有的机场就是采用的这个方案。但是这个系统非常昂贵，为了既保证运行的安全可靠，又在经济上可以接受，我们在浦东国际机场就设计了一个降级运行模式作为备份，即当自动分拣系统故障时，行李系统可以降级运行，采用办票柜台交付的行李可以不上自动分拣系统而直接由输送带送到分拣小转盘，由人工进行分拣。这样可能会对行李分拣效率造成一定影响，使系统的处理能力下降 10% ～ 20%，但仍可维持机场运行，从而大大降低了行李系统的投资。浦东国际机场二号航站楼的行李系统如图 8-4 所示。

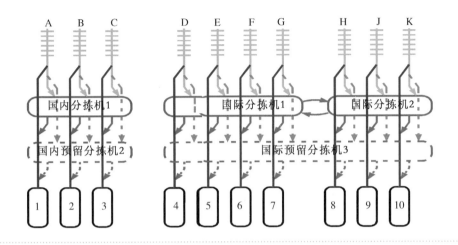

> **图 8-4**　浦东国际机场二号航站楼的行李系统

🌿 **讲评**：安全风险也分灾难性的、重大的、可接受的等多种，对于不同的安全风险，采用不同的措施，投入不同的成本是一门学问。不可谈安全就色变，就不惜代价。

8.3　舒适性标准监控

设计中很多时候不光是安全性标准的问题，还有舒适性标准的问题。我们有一些设计规范和标准制定的时候，没有从科学的角度出发进行深入研究分析，而是为了让设计单位不用再动脑筋，设计起来更方便。所以针对舒适性标准进行监控主要有两层含义：一是规范的舒适性标准本身不合理，那么设计管理中就要想办法突破标准，使得设计单位的设计更加优化和合理；二是设计单位忽视了设计的舒适性，仅仅按照最低的标准来设计，那么设计管理中就要适当提高标准，增加舒适性。

案例 085 　地铁车站的自动扶梯

上海市的地铁规范《上海市工程建设规范：城市轨道交通设计规范》（DGJ08-109—2004，J10325—2004）规定所有的地铁车站最小站台长度为 200 m，必须设自动扶梯，而且一般要求 50 m 之内必须设一组。由于地铁车站比较长，所以一个地铁车站一般要设 2 组自动扶梯。如果地铁车站人流足够多，这不仅是舒适性的问题，也是自身功能的需要，的确是必要的。但实际上城市边缘和郊区的地铁车站客流量都没有大到这个程度，在这种情况下如果地铁车辆仍是 8 节车辆编组，并安装自动扶梯，就是严重浪费了。查阅全世界所有国家的规范，包括我国的国家规范，除了上海市，没有一个规范规定地铁车站必须有自动扶梯。其他国家很多轨道交通车站都是不设自动扶梯的，其残疾人设施宁愿做一个坡道，也不设电梯，因为电梯是需要维护的，但坡道几乎不需要。乘客使用的时候可能会觉得自动扶梯和电梯比较方便，但这些机电设备一旦坏了或者需要维修，情况就会很糟。

案例 086 　日照标准的规定

为了保证住宅日照需求，某市规定建筑物间距一定要是建筑物高度的 1.5 倍，这样的确是保证了日照时间，但是未必合理。上海市改为做日照分析后确保满足住宅每天 1 h 日照的要求，后来发现效果很好，大家就都开始修改规范。

这个问题说明规范到底要控制什么，到底是要保证每天 1 h 的日照时间，还是只要把结果提出来，也就是提出建筑物间距是高度的 1.5 倍。如果是后者，那么由于没有考虑到不同地域的具体情况，会使很多设计变得僵化。

案例 087 　机场远机位比例

国际民航组织有一个建议，远机位占总机位的比例不要超过 30%，因为远机位会降低旅客的舒适性。在国内很多机场，设计单位因为有30%远机位的允许值，在设计时往往不做思考地设计出30%的远机位。国外咨询公司给出的意见是：远机位是因为近期没有办法布置更多的近机位不得已而为之；机场一旦有条件扩建，就应该把远机位变为近机位；等本次工程完成后，由于旅客量逐步增长等因素，还可以再建设一些远机位；等将来再扩建，这部分远机位还可以转化为近机位，如此滚动发展，以追求最多的近机位，争取100%的靠桥率。但是就因为有了这么一个最低标准的说法，许多设计单位就把它作为硬性的规定，设计时硬要做出30%的远机位。

实际上，远机位比例不超过30%这个规定是一个最低标准，从舒适性标准来讲，完全应该把远机位比例控制得更低，因为远机位的比例是越低越好。虹桥国际机场提出建设人性化机场，我们就在做机场规划时提出了100%近机位的方案，并得到了实施。

不断增建卫星厅，将远机位变为近机位的亚特兰大机场如图8-5所示。

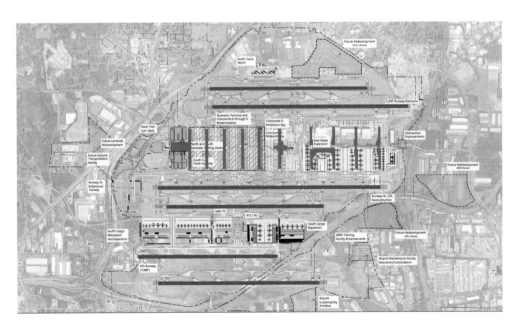

> **图 8-5** 不断增建卫星厅，将远机位变为近机位的亚特兰大机场

案例 088 | **机场旅客捷运系统**

　　旅客在机场航站楼主楼办票后，可以乘坐机场旅客捷运系统到达卫星厅等候登机。旅客捷运系统有一个舒适性标准的问题。指挥部曾经想把浦东国际机场的旅客捷运系统与上海轨道交通2号线结合起来，即采用2号线的制式，这样就可以共用2号线的维修基地等设施，从而做得简单些、省钱些。但是后来我们经研究发现，机场旅客捷运系统的舒适性标准比地铁还要高，如果舒适性低于或等于地铁的话，旅客往往就不能接受。为此，我们将车辆载客标准定在3~5人/㎡。

　　此外旅客捷运系统还有一个要求就是，性能要特别稳定。不能像地面公交车那样，如果坏了可以停在路边修，修不好了，可以把票退给旅客，旅客意见也不会太大。机场旅客捷运系统如果出现问题，影响很大，将会造成大面积航班延误，所以要求运行故障率为零。因此由于舒适性和稳定性的要求，机场旅客捷运系统采用的标准一般都比较高。浦东国际机场的旅客捷运系统如图8-6所示。

> **图 8-6** 浦东国际机场的旅客捷运系统

案例 089 | **机场飞行滑行道的最小转弯半径**

　　机场飞行滑行道最小转弯半径是国家规定的强制性标准，如果飞行滑行道转弯半径小于最小转弯半径，飞机掉头转弯就会很困难。然而，我们的设计单位通常都会按照规范要求的最小转弯半径来设计，甚至在现场环境很宽敞的情况下，还是按照惯例采用最小转弯半径来设计。有一次我问设计单位，为什么设计成这么小的转弯半径？设计单位回答说是满足规范要求的。我和他说，你有没有开过汽车，汽车如果走最小转弯半径是很麻烦、很费劲的，如果能做大一些，为什么不做大一些呢？其实空间明明有余地，完全不应该设计成最小的转弯半径，应该提高标准，增加舒适性。设计单位往往把这些最低标准作为标准图，在设计的时候不根据实际情况就直接套用。所以在设计管理的时候，要特别注意这方面的情况，否则在最小转弯半径这个地方旅客舒适度就比较低，还容易出事故，而且对机场道面、对飞机轮胎的损伤也会很大。

第 9 章

系统思维法

任何一个工程或系统一定都是处在更大的环境中或者作为大的系统中的一个小系统或一部分。某个具体项目，比如一座机场或者一条轨道交通线路，就是国家和世界机场体系的一部分，就是城市轨道交通网络的一部分。

所谓设计管理中的系统思维法，是指在设计管理过程中要运用系统工程的手法，研究管理对象所在区域和网络的环境，充分认识管理对象在更大环境中的定位，以及大环境对管理对象的要求，并根据这些要求来指导管理对象的设计优化和改善设计管理的工作方法。同时也要求把管理对象作为一个完整的大系统之中的一个子系统，对其各个子系统、子要素进行充分的协调，以求达到系统整体最优的目标。

在设计管理的时候，我们往往忽视系统思维这一点，只是站在局部利益、单个项目的角度考虑问题，这就容易在判断和决策中出现失误。所以设计管理者的知识面要更宽一些，看问题的高度要更高些。系统思维法要求设计管理者从更广的领域、更高的角度对项目的设计进行控制，并更准确地协调项目内部各子系统、子要素的平衡发展，以求得到最优设计成果。

9.1　要从区域和城市的角度来研究项目

重大基础设施都是区域或城市的基础设施之一，所以一定要从区域和城市的角度来研究问题，开展工作。

案例090　**机场在区域机场体系中的定位**

长三角的机场有很多，上海虹桥机场在扩建的时候，首先就要明确虹桥机场在上海机场发展战略中的定位，然后再考虑虹桥机场在整个长三角、整个华东地区应该怎么定位，根据此定位再进行具体的规划设计工作。这种定位贯穿整个设计过程，并要通过设计中的每一个细节体现出来。

　　图 9-1 是长三角的主要机场分布图，那么我们首先就要明确在长三角中虹桥机场的定位，机场的定位和最后的设计规模与标准以及流程，甚至装修标准、服务标准等，都是相互联系和影响的。

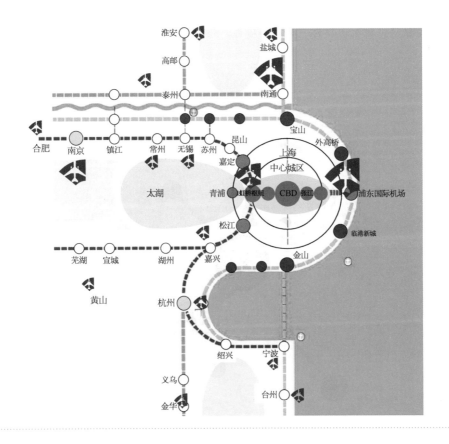

> **图 9-1**　长三角地区机场布局示意图

　　上海浦东国际机场，在国内是要做门户机场，在国际上要争取做国际枢纽机场，那么国际枢纽在整个区域中应该怎么布局，在全球应该怎么布局，这些不仅仅是在项目可行性研究阶段要考虑的问题，而且在整个设计过程中都要以此为依据，一直贯穿其中。很多项目在设计中没有系统地、自始至终地体现好它的定位和需求，到了使用运营阶段就有问题，如果这个阶段再去参与整个机场体系的运作和竞争，就会失去很多有利条件。

在京津冀地区为首都第二机场（北京大兴国际机场）选址也是一个很好的案例。

在京津冀地区，首都第二机场的选址首先要考虑整个地区的机场布局（图9-2），并从京津冀机场体系中研究首都第二机场应该怎么定位。关于首都第二机场的选址起初存在争论，但如果从京津冀整个机场体系，从区域发展规划的角度出发，就会比较容易达成共识。我们往往只是就机场论机场，把机场作为一个简单项目，而不是从宏观上、大局上，用系统思维的方法来考虑。

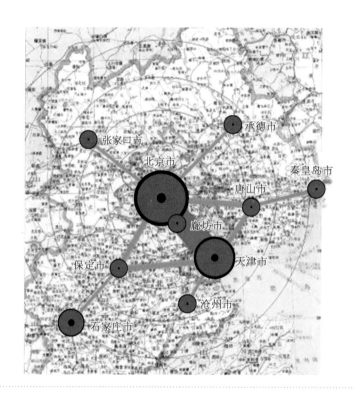

> **图9-2** 京津冀地区区域发展规划

（图片来源：清华大学建筑与城市研究所）

实际上，首都第二机场的选址研究，必须拓展视野，还要在东北亚机场体系中确定首都第二机场的定位（图9-3）。

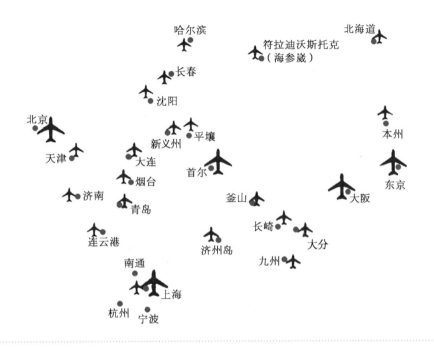

> **图 9-3** 东北亚机场分布

案例 091 城际铁路轨道交通网

图 9-4 是上海、苏州、嘉兴三座城市的总体规划拼合图。我们通过将三座城市的总体规划图组合在一起,可以看出长三角地区这三座城市实际上是一体化的。通过研究,我们看到其实整个长三角地区都是一体化的。上海的轨道交通与城际有关系的主要是 2 号线、9 号线和 11 号线,如果仅仅关注上海的轨道交通图是体现不出城市之间的联系的,但是从这张组合图可以看到,昆山与上海的联系绝不亚于金山。

> **图 9-4**　苏嘉沪地区城市规划

(图片来源：中国城市规划设计研究院)

那么上海的这 3 条轨道交通线应该怎么定位呢？上海虹桥综合交通枢纽规划时有一条青浦线，即 2 号线往青浦方向延伸的线路。青浦线规划方案出来后，就有"专家"提出来青浦线没有必要进入虹桥综合交通枢纽，因为从上海郊区青浦过来没有那么大的旅客量，而且进入枢纽后会对虹桥综合交通枢纽造成更大的压力，所以青浦线应该在外部与 2 号线或 10 号线进行换乘，而不直接进入虹桥综合交通枢纽。但是从图 9-4 可以看出青浦线实际上和湖州的轨道交通线是相连的，"如果虹桥综合交通枢纽定位为服务长三角，那么湖州的车开到上海家门口却不让人家进枢纽是不合适的。"上海市的领导听了这个意见以后表示赞同，就决定要让青浦线进入虹桥综合交通枢纽。这就说明在考虑问题的时候，要从整个区域的角度来考虑。

同样道理，上海的 9 号线是可以与浙江嘉兴的轨道交通直通运营的；11 号线是可以与江苏昆山的轨道交通直通运营的。

　　京津冀地区的轨道交通网也是类似的情况。从图 9-5 看，北京、天津和唐山的城市轨道交通其实也是连接在一起的。如果在规划设计阶段就把整个京津冀区域的轨道交通一起考虑，会得到更加合理的方案。但遗憾的是，现实情况仍然是各个城市独自规划，互不接轨，甚至两座城市在同一个地点建车站，仍然是两个独立的车站。

　　作为设计管理者，我们起码应该具有清楚的区域网络概念，在技术上为轨道最终的联网和网络的形成减少障碍，尽可能采用相同的轨距、制式和车站，为后人留下接通的余地。

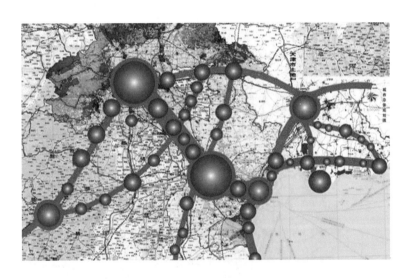

> **图 9-5**　京津唐地区的城际轨道交通规划示意图

9.2　要从网络角度来研究项目

　　任何一个交通系统都必然处在某个特定的网络系统之中。比如轨道交通网络就是由许多条轨道交通线路组成的，它还包括很多专业系统，如变电站系统、车辆段系统、停车场系统等，因此在建设轨道交通时，就需要从整个网络来考虑这些线路和专业系统的配置，否则如果每条线路各搞一套，不考虑资源共享，投资成本就会很高，市场也会受到限制。

　从网络出发，合理配置共用性资源

一般来说，一条轨道交通线需要建设1个车辆段、2个停车场、1个控制中心和至少2个高压变电站，上海的轨道交通1号线、2号线、3号线建设就是这样的。后来终于发现了问题，情况开始发生变化，到了4号线的时候，上海市就对整个轨道交通网络进行了优化和系统研究。最后的结果是，上海轨道交通网络规划的22条运营线路一共规划建设车辆段8处、定修段14处、停车场21处（图9-6）。如果按照原来每条线路单独考虑来设计，车辆基地就需要建设100多处，这100多处车辆基地建设不光会带来投资的问题，而且以后的运营、市场都会有很多问题。据统计，网络优化后仅车辆基地这一项就为上海市节省了土地415 hm²，节约投资101亿元。

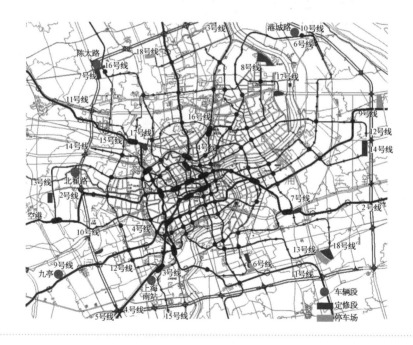

> **图 9-6**　上海轨道交通车辆段设施

（图片来源：上海申通地铁集团）

轨道交通设计如果不用系统思维的方法，不从网络角度考虑，一条线路往往需要几个变电站，但从整个网络的角度出发，其实很多变电站是可以共用的。根据《上海市城市总体规划

1999—2020》，上海市到 2020 年将建成长 800 km 左右的轨道交通线，如果全都采取集中供电模式，届时仅该项子系统就需建造 50 多座主变电所。暂且不论一座主变电所动辄上亿元的巨额投资，仅建造变电所及电缆通道所需占用和消耗的土地资源就十分惊人。有鉴于此，上海市已组织专家进行优化方案论证，将 2020 年前全网 18 条线路原先计划建造的 51 座主变电所减少为 39 座，减少主变电站 12 座（其中 11 座 110 kV 主变电站及 1 座 35 kV 主变电站），可节约投资约 15 亿元人民币。这样既节约了土地资源，减轻了征地难度，又节约了公共电网资源，减少了运行管理人员。

图 9-7 是上海市轨道交通网络控制中心分布图。在经过优化整合后，上海轨道交通全网共设 8 个控制中心和 1 个运营协调中心。与单线建设模式相比，全网控制中心节约用地12000 m² 以上，节约人力 200 人以上，节约投资 5000 万元人民币以上，而且控制中心减少以后，效率反而得到了提高。

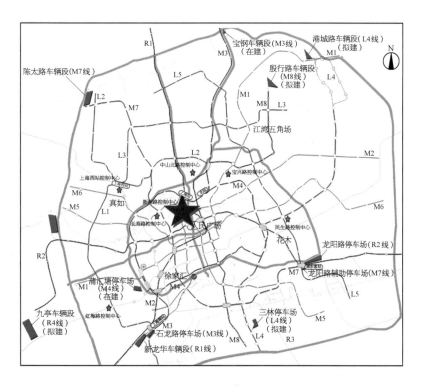

> **图 9-7**　上海市轨道交通网络控制中心分布

（图片来源：上海申通地铁集团，2001 年）

案例 093 ｜ 虹桥综合交通枢纽引进 13 号线、17 号线之争

在上海虹桥综合交通枢纽地铁线路的规划设计中，关于 13 号线或 17 号线谁进枢纽争论了很长时间。主张引进 13 号线的理由是虹桥综合交通枢纽的旅客有 70% 是去市中心方向的，13 号线穿越市中心并与 2 号线在市中心平行，可以方便乘客进市中心并分流 2 号线的客流压力；而主张引进 17 号线的理由是西北方向到虹桥综合交通枢纽的旅客量占总量的 12%，17 号线和 13 号线都是起疏散这部分旅客的作用，且 17 号线在 13 号线的外侧，乘客通过网络换乘 17 号线到虹桥综合交通枢纽比换乘 13 号线更便捷，时间上可以人均减少 2 min，同时也可以减少市中心轨道交通的压力（图 9-8），而往市中心方向的客流由于虹桥综合交通枢纽已经有了 2 号线、10 号线来承担，运输能力已经有了保障。

> **图 9-8** 上海轨道交通 13 号线与 17 号线示意

最终指挥部采用了 17 号线进虹桥枢纽的方案。

讲评：从该案例可以看出，把研究对象放入网络中去考虑时，我们不仅可以得到新的方案，而且方案可以更具说服力。

案例 094   **浦东国际机场二期扩建工程投运后运营模式的改进**

浦东国际机场一期工程一条跑道、一座航站楼建成后的运营管理体制，在二期工程多跑道、多航站楼建成以后，会出现一件事情几个甚至十几个部门来管理的情况，人力资源浪费严重，而且管理效率很低，容易出问题。浦东国际机场二期工程建设完成以后，运营管理的一个很重要的改进就是把以前分散的管理模式改成了所谓的"OC 平台"运营管理模式（图 9-9，图 9-10）。该模式有 3 个控制中心：飞机活动的飞行区运营中心（AOC），旅客活动的航站区运营中心（TOC），场区配套运营管理中心（UMC）。合成为 3 个控制中心后，机场运营中心（AOC）统一管理整个机场飞行区业务、应急事件以及与 TOC、UMC 之间的协调统一指挥，主要服务于航空公司及其相关企业。TOC 统一管理和指挥航站区和陆侧旅客运输系统的日常运行、服务和安全，主要服务于旅客。UMC 统一管理和指挥飞行区、航站区以外区域的日常运行、服务与保障，主要服务于各驻场单位。这三个相对独立的运营中心在机场运营过程中借助于计算机系统平台的高效能，相互协调、相互配合，形成了统一高效、系统化的浦东国际机场的运营管理模式。

由于在规划设计之前就确定了这样一个集中高效的机场运营模式，所以我们在浦东国际机场二期工程每个子项的设计管理中都能够做到目标明确、思路清晰、系统性强。

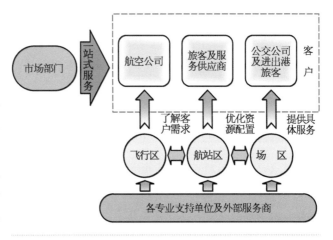

> **图 9-9**　浦东国际机场"分区管理、专业支撑"型的运营管理模式

> **图 9-10**　浦东国际机场的"OC平台"实景

9.3　要考虑系统内部的整体和谐

一个系统内部由很多子系统、子要素组成，在设计院内部，这些要素就是各个专业工种，比如建筑、结构、暖通、机电等，各专业工种往往单独设计，整个系统的整体协调工作必须依靠总工程师或项目经理来完成。但由于专业背景的限制，只有优秀的总工程师或项目经理才能做到整个系统内部的整体和谐。

案例 095　｜　**轨道交通发车间距与列车编组**

轨道交通发车间距可以是 5 min 或者 2 min，列车编组可以是 8 节、4 节或者 2 节，日本甚至有 1 节编组，那么该如何处理发车间距和列车编组的关系？有两种思路，一种思路是缩短发车间距，减少编组数量，也就是高频率小编组发车；另外一种思路是低频率大编组发车。这两种方案总的运量可能是一样的，但系统的设计，比如控制系统、运营管理等会有很大的不同。很多业主不关心如何发车和编组，觉得总的运量一样就没什么关系。实际上发达国家为了提高效率和服务水平，一般都倾向于高频率小编组发车，但是国内运营部门一般不希望这样，因为高频率小编组给运营单位的工作压力很大，所以很多项目方案最终都变成低频率大编组发车。在发达国家甚至还有很多轨道交通采用的是高峰时段高频率大编组发车，低峰时段低频率小编组发车，这在国内运营部门看来就更嫌麻烦，更做不到了。不过现在我们的高铁就有几种不同编组混跑了（图9-11）。

> **图 9-11** 不同编组的高铁列车

作为设计管理者，如何帮助政府和业主，从提高服务水平的角度做好决策、做好方案、做好运营工作是义不容辞的责任，这也是做好设计管理工作的前提。

案例 096 机场航站楼的边检等待区

浦东国际机场二期工程的二号航站楼设计时，边检单位提出：因为旅客在通过边检的时候人很多，没有地方排队，所以要求在边检柜台前留50 m长度的等待区域给旅客排队。这里就必须弄清楚旅客流程系统设计的目的到底是应该追求留给旅客很多排队的空间，还是要尽量使旅客不用排队，否则很容易就本末倒置了。

在新加坡机场，机场当局承诺旅客排队不超过5个人，即如果排队的旅客多了，排队的队伍长了，当局就会增加服务窗口，减少旅客排队时间。在浦东国际机场，如果按照边检单位提出需要 50 m 长的等待区，意味着旅客需要花 30 min 以上的时间排队，而枢纽机场转机的技术标准是国际中转换机时间不超过 90 min，边检如果用掉30 min，那么在浦东国际机场二号航站楼内肯定没有办法达到标准规定了。

最后，边检同意了我的说法，不再坚持 50 m 排队空间要求。

浦东国际机场的边检排队区域如图 9-12 所示。

> **图 9-12**   浦东国际机场的边检排队区域

讲评：这个例子说明整个系统里面如果有一个环节处理得不好，就会导致系统失败，因此要把整个系统的每个环节都合理分配好。在国际旅客中转流程中，行李、安检、边检等环节都要尽可能在规定的时间内完成，边检单位要求有 50 m 长的边检等待区一定是有问题的，本来不需要也不应该是 50 m，如果设计了 50 m，就把旅客步行距离拉长了，不仅不符合流程上距离的控制要求，也不满足时间控制的要求。

案例 097 | **磁浮闸机与楼梯、自动扶梯的关系**

上海磁浮示范线龙阳路站设计的时候，有人提出如果进站闸机不停地放人通过，就会使得站台上人满为患，达到一个极限人数后可能会出现旅客被挤到站台下的安全问题，所以就提出进站自动检票闸机应该具有人数控制的功能，即两班列车之间闸机只允许通过固定人数，达到这个人数之后闸机就自动关闭。这样的闸机采购起来难度很大，因为它的技术要求高了，制造商就少了，采购成本就会高得多。

后来经过系统分析发现，这里还有一个闸机、楼梯与自动扶梯通过量的问题。在两班列车发车间距的时间内，车站的楼梯与自动扶梯的通行量要小于这个极限人数，也就是说，在两列车发车间距即 10 min 之内，站台上人满为患的情况不会出现。如果人多拥堵，只会堵在闸机与楼梯、自动扶梯之间，不会堵在楼梯、自动扶梯之后的站台上。

实际上，还可以通过控制闸机数量来控制站台上的人流量。

讲评：虽然旅客进站乘车系统是一个很小的系统，但是旅客从进站到过闸机再上楼梯、自动扶梯到站台，再上车的过程中，有很多要素在制约这一系统的运输能力，实际上是由整个系统中能力最小的某个子系统或子要素来控制的（图 9-13）。这类似于管理学理论中的"木桶原理"。

> **图 9-13**　磁浮闸机与楼梯、自动扶梯

案例 098　|　**产品生命周期的内部整体和谐**

日本在产品生命周期的内部整体和谐方面做得比较好。我们在电视机、电冰箱、汽车等的使用中可能有以下类似的经验，比如日本制造的小汽车如果坏了，就不用去大修，因为他们设计的小汽车内部相应各个部件的寿命是基本一致的，要坏都一起坏，一个零件坏了，其他的零件会一个接一个地坏，整个系统设计得很和谐。

再如国内某个用 BOT 方式引进外资的项目，外国人设计时考虑得很精确，所有设施，甚至建筑材料的使用年限都算得很准，一到移交给中方的年限，设施基本上都坏了，生命周期都到了终点，留给我们的就是帮他们收拾垃圾。

🌿 **讲评**：项目内部各子项、子系统的生命周期要统一布局，使之相互协调，这样综合成本才最合理。

综上所述，对管理者来说，应该随时随地都要清醒地分清："轻重"、"大小"、"缓急"；要特别注意协调项目内各个要素的"规模（容量、能力）"、"标准"、"生命周期"的一致性和和谐性。如果出现子系统之间的不匹配，那将是最大的浪费。比如某机场新航站楼离港值机办票的高峰小时处理能力不到 1 万人次，其行李系统的处理能力却高达高峰小时 2 万件，这就使得其行李系统的能力长期闲置，造成巨大浪费。

9.4　要推动标准化、模块化设计

要保证整个系统的和谐发展，推动标准化、模块化设计是一个很重要的方法。机场系统是这样，轨道交通系统也是这样。同时从系统上考虑，实现标准化、模块化是降低运营成本的重要措施之一。

案例 099 ┃ **轨道交通车站的标准化、模块化**

上海轨道交通 3 号线北延伸工程是上海市轨道交通路网规划中南北向骨干线的组成部分，在全市轨道交通网络中处于十分重要的地位。我们在接到这一工程的建设任务后，没有急于开展具体的工作，而是对其区间结构、车辆基地等各种设施，在原工程可行性研究的基础上进行了一系列的前期研究工作。

1) 车站的功能价值分析

工程南起一期工程终点站江湾镇站，沿逸仙路高架、同济路北行，过漠河路后转向西沿富锦路走行，跨北泗塘河于小游园附近下穿郊区环线，穿宝钢铁路专用线后进入 3 号线车辆段。

线路全长 13.97 km，设 9 座车站，其中高架站 8 座（含 1 座预留车站）、地下浅埋车站 1 座，全部采用侧式站台。在这些车站的设计之前，我们组织单位运用功能价值分析法对车站进行了研究（表 9-1）。

表 9-1　轨道交通车站功能分析

功能层次	功能要求	功能设施
1. 基本功能	最便捷地集散客流	(1) 站台； (2) 通道（楼梯、自动扶梯）、站厅、电梯、廊； (3) 售检票设施
2. 辅助功能	最有效地保证运行	(1) 设备用房； (2) 管理用房
3. 扩展功能	最有效地发挥土地资源区位优势	(1) 商业、餐饮业等； (2) 服务业； (3) 其他

　　通过分析，我们认为车站最基本，也是最重要的功能就是最便捷地集散客流，而这一基本功能所对应的三大设施，即站台、通道、售检票设施是一个车站最基本的设施。也就是说，只要有了这三项设施再加上必要的辅助功能设施，就可以组成一个车站。基于这一分析，我们进一步研究了这些功能设施的相互关系和规模特征，发现车站的这些功能设施中存在着一条非常明确的逻辑主线，即乘客购票、进闸机、通过楼梯上站台、上车，以及完全对称的逆向流程，这实际上是一条简洁的流程。过去往往是因为我们附加的其他设施和功能使得这一流程复杂化，导致客流集散困难的"雪球"越滚越大。

　　在高架车站中，如果我们能够将高架站台上的乘客通过楼梯直接引到地面闸机，而闸机处理能力又足够，那么其他一切都是多余的了。请注意，在这里闸机的处理能力是关键，它的能力与客流的关系决定了基本功能设施和辅助功能设施的规模。举个极端的例子：如果闸机的能力足够大的话，站厅也是不需要的，只要有足够的通道就可以了。

　　在这些功能价值分析的基本结论指导下，我们在北延伸车站的设计中作了一些新的探索和实践。

　　2）功能的模块化

　　根据车站的功能，我们可将车站分解为直接为乘客提供基本服务的站台、站厅、通道三个基本模块，以及为基本模块提供服务和保障的辅助模块，即弱电机房与管理用房模块、水电机房模块。

站台模块是乘客乘降的平台，除了站台这个基本要素外，要组合进来必要的站台服务用房，如配电盘及小型工具存放用房、乘客避风雨亭、站台雨棚、外侧栏杆栏板等。

站厅模块的功能较为丰富，包括付费区和非付费区，其间设置检票闸机分隔。在付费区内，组合入公用厕所，售票亭集中设置以便于车站管理。公安用房设置在靠近非付费区的位置，便于兼顾付费区内外发生的情况。

通道模块是连接站台模块与站厅模块的纽带，包括步行楼梯、自动扶梯、残疾人电梯等，上与站台模块相连，满足乘客人流均匀的基本要求，下与站厅模块的付费区相接。

水电模块含泵房、变电所，其运行时对环境有一定影响，应注意隔离其噪声的影响。

弱电及管理用房模块包含通信、信号、自动售检票（Automatic Fare Collection，AFC）系统、车控、站长管理等用房和设备，以及工作关系密切、宜共同组合的管理辅助用房（多功能室、更衣室等）。我们将弱电设备用房设计为大房间，提高了利用率，方便了管理，而且更容易适应运行模式的变化。

另外，北延伸工程将牵引变电所交给供电系统设计单位统一设计，并要求供电系统不一定与车站结合，应根据牵引供电系统的需要放置在区间内最优的地方。

轨道交通车站模块如图9-14所示。

3）设计的标准化

通过功能模块化的分析，我们要求设计单位根据北延伸工程的实际情况将8个车站进行标准化设计，同时为工程实施工厂化、模块化生产创造条件，为材料、设备的集中采购奠定基础。由于车站布局统一，还提高了车站的可识别性，可较大地方便乘客进出。平面上形成了清晰的主模块及辅助功能模块，以及站厅、付费区、非付费区，集中设置的检票闸机和售票点，便于引导乘客流线及进行车站管理。

在设计中，根据对现有车站用房情况的了解，结合运营维护体制改革的情况，运用价值工程理念，取消了以往设于站屋内的有关通信信号工区房、备用间，压缩了管理辅助用房，把各种功能相近的用房设计为大空间，既提高了空间利用率，又便于管理。设计采用一个站厅、一个收费区、非收费区与室外广场结合、集中设置售检票设施等做法，方便了管理，又节约了长期运营费用。

在总图布置中，设计者还结合站址地貌和周围环境对图9-14所示5个模块进行了拼接、组合。

4）结构的模块化

以往高架车站常用的是建桥合一或建桥分开两种形式。这两种形式的最大好处是设计责任

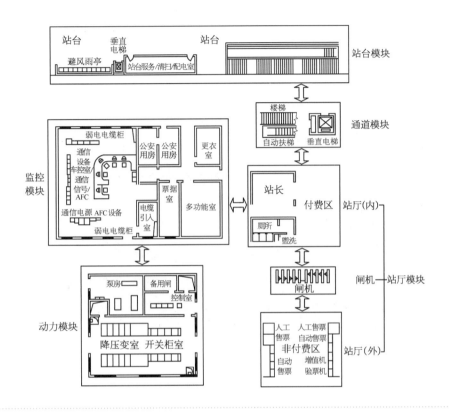

> **图 9-14**　轨道交通车站模块

清楚，而共同的问题是将桥梁型的"大结构"与房屋型的"小结构"混合在一起，造成施工上的不便和造价上的偏高。在北延伸线工程的车站设计之初，基于对车站基本功能的分析，我们提出了一种新的车站结构形式。我们将区间结构贯穿于车站，最大限度地保证了线路的连续一致性。在车站站台所在的部分将轨道结构支墩的盖梁加长，必要时再加支墩使之支撑两侧的站台。站台采用与轨道结构相同跨度的 T 形预制梁。楼梯、自动扶梯的结构可以一端放在上述这个"大结构"上面，另一端在地上；也可以自成体系。

　　这样，车站建筑的布置便可不受"大结构"的影响，可将我们的标准化、模块化设计灵活布置。车站的"小结构"采用低层的砌混或框架结构，一般无需采用桩基，从而大大降低了造价。

> **图 9-15**   模块化设计的车站案例

讲评：我们认为车站设计中的以人为本首先应该是以乘客为本，以乘客能够最便捷地乘降为本，这就是车站设计最根本的思想和原则。事实上最大限度地让乘客用最短的时间上下车、进出站，已经是我们在北延伸工程车站设计中追求到的目标。

同时，北延伸工程在站型设置、建筑平面布置等方面还对车站的管理思想作了一些初步的探索，如站长室直接面对付费区，突出了为乘客服务的思想。

在北延伸工程的设计管理中，我们通过引入功能价值分析的管理理念，优化了设计、节约了投资、方便了乘客，同时又降低了运营管理成本，也为进一步探索轨道交通高架车站的设计提供了一些初步的思路和大量经验教训。

通过标准化、模块化工作（图 9-15），业主方的管理工作量大大减少，设计管理难度得以降低，工程建设和设备采购以及运营服务等各方面的难度都降低了。目前上海的轨道交通车站设计已经广泛采用标准化模型。

案例 100 ┃ **机场的功能模块与结构模块**

　　机场航站楼中各种子系统：办票系统、候机系统、一关三检系统、行李处理系统、空调系统、水电气系统、厕所、信息系统、机房等都可以做成标准模块，这样一来设计、采购、管理的工作量都会大大降低。按标准化、模块化的思路进行设计，不仅工作量降低，安全可靠度大大提高，效率提高，质量也有保证，特别是设备采购更加方便，对后期运行维护也会带来很大的便利。

　　浦东国际机场二号航站楼屋顶钢屋架设计中就采用了标准模块，而且每一榀屋架还可以拆分成标准构件，现场拼装。在这样的思路下，浦东国际机场二号航站楼的单位面积用钢量比一期工程降低了 15%，而且施工速度得到提升，最重要的原因就是设计标准化、模块化（图 9-16）。浦东国际机场二号航站楼屋架造型如图 9-17 所示。

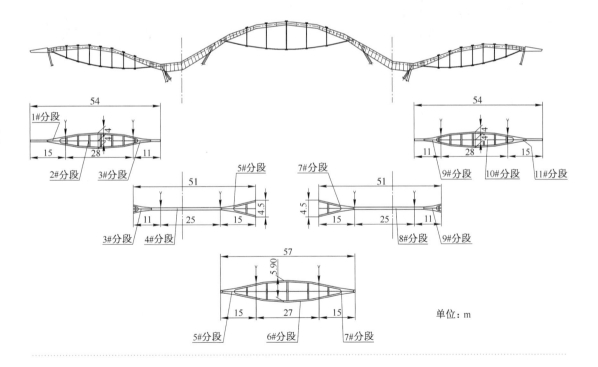

> **图 9-16**　浦东国际机场二号航站楼钢结构标准化、模块化

> **图9-17**　浦东国际机场二号航站楼屋架造型

　　值得注意的是，现在很多项目，往往过分追求艺术效果，把相同功能设施的标准多样化了，模块都被破坏了，不仅给工程设计和建设带来很多困难，而且给今后的运营管理也带来很大的工作量。

第 10 章

科技放大法

工程科研工作是设计管理工作的核心内容之一。

科技放大法是指通过项目前期的科研投入来提高项目的社会、经济、环境效益，解决项目工程设计和工程实施难题的工作方法。如果是小项目或者是私营企业投资的项目，花大量的资金搞科研不太现实，而对重大基础设施建设项目，科研投入往往能产生较好的经济效益，而且重大基础设施一般都是国家投资建设的项目，科研就显得更加重要。

首先，项目科研投入的经济效益明显。建设项目达到一定规模以后，科研对于项目本身就能产生比较明显的经济效益。如果明白这一点，业主还是愿意在重大基础设施建设项目上进行科研投入的。其次，这些科研成果还能够在其他项目上应用，效益更加明显。

案例 101　　浦东国际机场一期工程科研投入的经济效益

浦东国际机场一期工程建设的时候指挥部有个结论，即科研投入能够产生 10 倍的产出。例如（图 10-1），指挥部基于华东师范大学对长江口长期监测研究的科研成果，采用围海造

> **图 10-1**　浦东国际机场一期工程中科研成果产生的直接经济效益

地，节约直接征地成本 20 亿元；通过对二级排水工程一系列试验和科研课题，减少工程土方成本 10 多亿元；由上海建工集团机械施工公司牵头的钢屋架吊装施工科研课题，节约安装费用 2 亿多元；花费 400 万元进行地基处理试验，节约造价 1.2 亿元；开展供冷供热管线工程科研攻关，节约造价近 1 亿元；进行一号航站楼屋盖系统设计优化，节约钢材 10%；进行 35 kV 变电站电缆规划方案优化，节约投资 2000 万元；进行景观水池方案优化，节约投资 1000 万元；进行出海泵闸水工试验，节约投资 1 亿元，等等。

案例 102 | **浦东国际机场二期扩建工程科研工作取得的效益**

浦东国际机场二期扩建工程科研工作取得了良好的经济效益与社会效益，科研课题的研究成果渗透于机场的规划、建设和运营管理全过程。一方面，科研为浦东国际机场战略发展规划提供了依据；另一方面，保障了二期工程建设各项重点工程按时保质完成，并取得了多项建设突破；与此同时，为浦东国际机场日后的高效运营和科学管理提供了保障。

经济效益上，"浦东国际机场总体规划研究"课题通过对浦东国际机场二期航站区站坪数字模拟研究，为规划节约用地约 85500 m^2，由此增加 7 个近机位和 11 个远机位，每年为机场带来约 2000 万元的经济效益。"浦东国际机场第二跑道工程关键技术研究"课题研究成果在浦东国际机场第二跑道工程中得到成功应用，取得了 5.63 亿元的经济效益。"浦东国际机场第三跑道地基处理试验研究"课题为工程总计节约造价近 6000 万元，并节约工期 6 个月。"浦东国际机场扩建工程节能研究"课题，在采取一系列的节能措施后，与《上海市公共建筑节能标准》相比，可年节能 9700 万 MJ，年节约自来水 250 万 t，年节约运行费 1575 万元。据初步统计，浦东国际机场二期工程的所有科研课题在建设阶段产生的直接经济效益达到 6.23 亿元，而运营以后的经济效益则更加显著，节能等一系列科技成果的运用，每年为机场节省运营费用 3575 万元。

科研成果带来的不仅仅是经济效益，还有更重大的社会效益。"浦东国际机场二期工程节能研究"课题研究成果在二期工程中的运用，每年可节省用电 54.9%，年节电 1.3 亿度，全年节能 50.8%，全年耗能成本可节省 48.6%，对于缓解当前我国资源约束矛盾，加快建设资源节约型社会，保证国民经济持续快速协调健康发展具有重要意义。"长三角空铁联运实施可行性研究"课题的研究成果，集合了空-空、空-铁、空-磁、空-路等多种概念，将为上海周边城市或区域的旅客提供更安全、便捷、舒适的航空延伸服务，并减少周边城市的基础设施投入，缓解空域矛盾和航空运输供给矛盾，给长江三角洲的资源整合和经济合作交流带来前所未有的契机，进一步促进长三角区域经济一体化的形成。

第二，科研的投入产出不仅要看经济效益，还要考虑社会效益和环境效益。应该从项目全生命周期来评判科研工作，科研课题不分大小，只要有效益就值得做。比如在虹桥机场扩建项目中，我们研究雨水回收再利用系统，如果仅仅从建设投资来考虑，雨水回用增加了投入，但如果把它放到机场建设和运营的整个生命周期中来看，那就很值得。虹桥国际机场西航站楼一天冲厕用水需 1600 t，如果使用自来水每吨要 2.6 元，而使用中水估算每吨只要 1.6 元，这样粗算下来一吨水就可以省 1 元钱。由于现在全国的水资源都非常紧张，雨水回用还不仅仅体现在经济效益方面，在环境保护、资源节约、节能减排等方面也很有意义。

第三，科研工作是解决工程设计和工程实施中难题的重要手段。重大基础设施建设中总会有大量技术上和决策上的难题，如果不开展科研攻关、解决难题，项目要达成进度、质量、投资、安全保障目标就会比较困难，甚至工作根本没有办法开展下去。

第四，软课题的研究是设计管理决策的依据。就设计管理本身来说，软课题比硬课题的意义更大。特别是有关决策支持、项目管理的课题，对整个项目产生的效益，远远不能仅用经济效益来单独评估。所以科研中要特别注意软课题的研究，特别是管理型课题，最好能与工程平行进行，以尽早应用到工程管理实践中。

第五，一定要做好工程实践经验和科研成果的总结工作、推广工作。很多建设项目做完以后没有很好地总结，没有把其中的收获和经验提炼出来，记录下来，结果这次做好了，下次还有可能做坏；这次犯过的错误，下次可能还会照犯。没有总结，不利于以后工作水平的提高。科研投入现在逐渐引起大家的重视了，但是还有许多具体工作做得不够；更有甚者，项目结束，连建设队伍都散了，根本谈不上总结和提高。

确立科研课题，开展项目科研要注意以下几点。

10.1　立题要符合国家大政方针和业主对项目的总体要求

科研项目立题要与国家的大政方针相吻合，这样可以保证科研工作的大方向正确，也可以得到社会各界的支持。同时，也要为业主服务，立足解决业主关心的问题。

案例 103   **浦东国际机场可持续发展和节能减排研究**

浦东国际机场一期和二期工程中开展的可持续发展研究与节能减排研究都是在国家节能减排的大政方针下开展的。

浦东国际机场一期工程实施期间，国家和上海市政府把可持续发展作为一项国策放在国家政治、经济、生活的重要位置。指挥部抓住这一机遇，高度重视浦东机场的可持续发展问题，开展了可持续发展规划、热电联供、汽电共生、种青引鸟、环境绿化等一系列科学研究和实践，作出了许多开创性的贡献，得到了社会和业界的高度评价。

为全面贯彻落实科学发展观，坚持"节约资源和保护环境"的基本国策，从浦东国际机场二期工程方案的设计开始，指挥部就提出建设与节约并重的原则，并始终把节约能源的研究工作放在一个突出的位置，积极研究与开发能源的节约、替代和循环利用技术，努力探索走一条低投入、低消耗、低排放和高效率的节约型道路。浦东国际机场二期工程节能减排研究的成果还未正式投入运用就已经得到社会上广泛的好评。

案例 104   **浦东国际机场交通中心和虹桥综合交通枢纽的交通一体化研究**

浦东国际机场一体化交通中心的研究，是在国家对交通枢纽一体化高度重视的背景下，由上海机场建设指挥部率先带头开展的核心课题之一。实际上在虹桥综合交通枢纽建成前，浦东国际机场的交通中心就是上海规模最大、做得最好的一体化交通枢纽。

在做完浦东国际机场交通中心后，指挥部又充分吸取了上海南站的经验教训，开展了虹桥综合交通枢纽这样一个超大规模的交通枢纽的一体化建设、运营研究；同时提出了交通设施一体化和空铁磁联运的理念，进而提出了在虹桥综合交通枢纽投运时，实施长三角空铁联运的行动方案。显然这些科研课题都是符合国家大政方针的。集各种交通方式于一体的虹桥综合交通枢纽如图 10-2 所示。

> **图 10-2** 集各种交通方式于一体的虹桥综合交通枢纽

案例 105 **上海轨道交通 3 号线北延伸工程投资控制研究**

上海市开始轨道交通建设的时候，1 号线的投资决算是 5 亿元/km，2 号线是 10 亿元/km，如果以这样的趋势，上海的轨道交通网实施需要一个庞大的、不可接受的投资额，几乎是建不起来的。所以在实施 3 号线北延伸工程的时候，按照业主要求，我们重点就是研究如何控制投资，一方面研究投融资体系的问题，另一方面研究如何降低造价。前面已有多个案例介绍了车站、轨道以及其他各系统方案优化的例子，已经可以看到我们所做的一系列研究，以及控制投资的效果。

案例 106 **轨道交通网络资源综合优化研究**

优化轨道交通网络资源，综合利用资源以节约投资是上海申通集团一度非常关注的问题。以前一条地铁线路需要两座 110 kV 变电站，甚至要两座 220 kV 变电站，每条线路自成一套系统。事实上，输变电在一定半径距离内输送是合理的，但轨道交通是线状的，它的供电按照这种一条线路一套系统的模式就不太合理。但是按现在的规定，每条地铁线路都要有独立的系统，要突破这种制度是有一定困难的，管理上、体制上、控制风险上，都会存在问题。在日本，每条轨道交通线路是就近取电，而不是有一套自己独立的系统，其只有牵引系统是独立的，供电系统不是独立的。在我们国内把牵引供电作为一整套系统来考虑是一种传统模式，是有问题的。所以应该对上海轨道交通网络实现资源的共同利用，比如说一条轨道交通线路需要 2 座变电站，就应该研究能否采用 3 条轨道交通线路共用这 2 座变电站的模式。通过科研，最后我们做成了，把上海整个轨道交通网络的变电站系统进行了梳理（图 10-3），高压变电站数量大大降低，比原方案需求少了十几座，将近 1/2。低压变电站也可以按照这样的思路进行研究，但最后没有成功。其实低压变电站主要用于车站照明等功能，并没有什么特殊的要求，就近拉电完全是可行的。

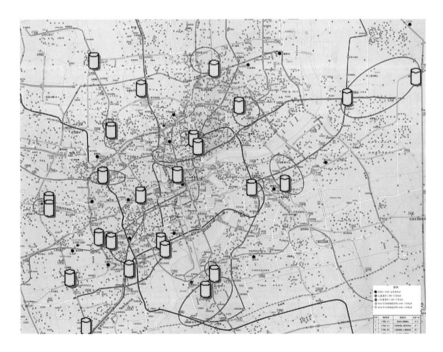

> **图 10-3** 上海轨道交通变电站布置

（图片来源：上海申通集团）

10.2　立题要针对设施运营中的问题

很多项目并不是第一次建设，而是有先例可循的。但是建设者不一定是运营者，可能没参与过运营，也不太关心运营，这样就会造成工程建设和运营的脱节。所以在工程建设科研立题中要有针对性地对运营中存在的问题进行研究，并想办法解决。

在建设项目的科研工作中，特别要注意让设计单位全程参与科研活动，要保证设计单位能把科研成果直接应用到设计中去。现在很多情况是设计和科研分离，设计者常把科研成果扔在一边，这样就背离了工程科研的初衷。

案例 107　从运营问题中发现科研课题

浦东国际机场二期工程筹备之初，指挥部就对科研选题工作进行了系统的研究和部署。首先要求运营单位总结一期航站楼运行中的问题，看看哪些问题在运行中反响最大，对运行的阻碍最严重。浦东国际机场运营部门通过充分的调研工作，进行需求分析，共列出了23个问题。指挥部从这23个问题出发，结合二期工程建设的重点、难点和急需解决的问题，汇编成《浦东国际机场二期工程关键技术研究与运用——调研报告》，形成了二期工程科研项目的雏形。在调研工作的基础上，指挥部组织召开多次专家咨询会，对这些课题进行分析与论证，根据课题的分析论证结果，结合工程建设需要，将具有重要意义的科研课题列为指挥部科研计划项目，进行专项研究。同时结合上海市和国家民航总局的科技战略，选择对促进民航科技进步具有重要意义的课题，上报上海市科委和国家民航总局，进行申报立项。

在以上工作的基础上，二期工程科研项目选择根据统筹规划、整体推进的要求，结合工程建设不同阶段的特点和需要，分阶段有层次地进行，并最终形成统一布局，共部署了5个重点研究领域：机场规划研究、航站区关键技术研究、飞行区关键技术研究、信息技术研究和项目管理研究。在每个研究领域确定研究重点和关键突破口：规划研究和信息技术研究主要以提供顺畅、便捷的人性化交通运输服务为核心，统筹规划，发展交通系统信息化和智能化技术；航站区和飞行区关键技术研究则主要着眼于机场的基础设施建设，重点突破建设和养护的关键技术，提高建设质量，降低全生命周期成本；项目管理研究则主要致力于变革管理理念，创新知识技能，提升管理能力。

案例 108 ｜ **浦东国际机场第三跑道道面扩缝形式研究**

掉边掉角是跑道道面混凝土的常见病，板块接缝处的应力集中是导致其发生的重要原因。掉边掉角的频繁发生会严重影响道面的使用功能，对机场的运行带来不利影响，特别是对于浦东国际机场这样航班起降量非常大的枢纽机场，尤其需要一个稳定的高质量的道面。另一方面，为了增大道面的摩擦系数我们还会对跑道进行刻槽。传统的刻槽机刻出来的槽是直角的，这样出来的直角的地方就特别容易损坏，而且对飞机轮胎的磨损也较大。长期以来，我国机场道面施工中都没有形成一套较为有效的防止掉边掉角的措施和方法。

在浦东国际机场二期工程建设时，指挥部针对跑道运营中的这一问题，建立了"浦东国际机场第三跑道道面扩缝形式研究"科研课题，通过理论分析、试验论证，初步形成了一套符合我国机场实际的扩缝、倒角施工方法，并在第三跑道的工程实施中得到运用，取得了非常好的效果（图 10-4）。我们在道面扩缝形式上的这一创新性工作，使国家的相关工程规范发生了变化，国家民航总局还在浦东国际机场召开了关于跑道道面扩缝工艺的现场会议（参见《浦东国际机场三跑道工程》，上海科学技术出版社 2008 年出版）。

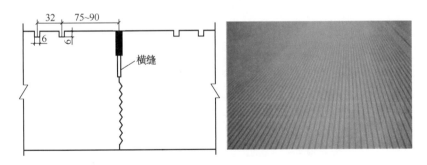

> **图 10-4**　机场跑道道面扩缝、刻槽形式

案例 109　浦东国际机场雨水回用研究

根据我们针对浦东国际机场一期运营研究的结论，航站楼屋面很大，雨水质量比较高，只要稍作沉淀处理就能够回收利用，因此非常适合进行雨水回用。

回用水池因用地较大，是最大的一块投资，对雨水回用项目的经济可行性至关重要。于是，我们想到了环绕浦东国际机场的全长 32 km 的围场河（图 10-5）。围场河是机场与外界的屏障，又有绿树碧水的景观效果和解决防汛、排水的诸多功能，若按最高水位 3.6 m、最低水位 1.5 m 计算，容积约为 380 万 m^3，如果能作为雨水回用的蓄水池，那真是天成人愿了。

为此，上海机场建设指挥部开展了雨水回用的科研课题研究，克服了诸多技术难题，最终获得了很大成功。项目实施后不仅可以减轻城市供水压力，节约水资源，而且每年可以节约自来水 250 万 t 以上，经济效益也非常好（参见《浦东国际机场二期工程节能研究》，上海科学技术出版社 2008 年出版）。

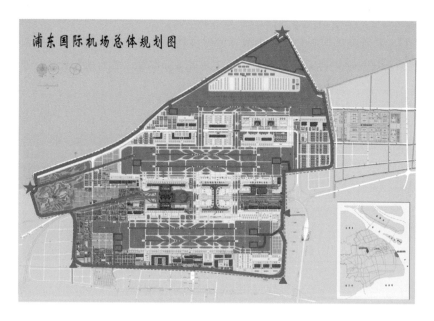

> **图 10-5**　浦东国际机场的围场河

案例 110 浦东国际机场二号航站楼的流程和引导标识研究

浦东国际机场二号航站楼在设计之初，我们就针对一号航站楼旅客流程方面和引导标识方面的问题展开了调查研究，找出了一号航站楼在这两个方面存在的主要问题是旅客中转换机不够便捷。针对这一问题，我们在二号航站楼的设计中特别注意改善，为二号航站楼设计了非常便捷、容易识别的签票中转值机中心，为各种不同的中转旅客提供量身定做的转机服务（图10-6）。二号航站楼设计的这一流程和引导系统得到了业界的认可和高度评价。

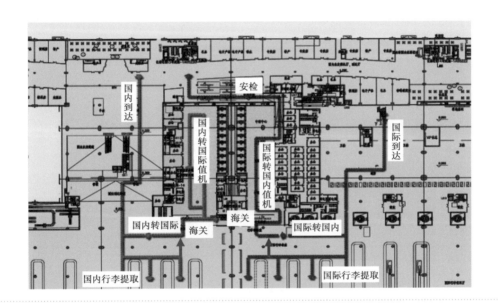

> **图 10-6**　浦东国际机场二号航站楼转机设施

案例 111 浦东国际机场二号航站楼建设时的车道边研究

在虹桥国际机场、浦东国际机场一号航站楼运行中，无论是旅客还是运行管理人员都对楼前的拥挤和混乱状况感到不满，特别是迎接旅客的到达车道边，几乎24小时都是"人等车、车等人"、"人找车、车找人"，少数不法分子也混迹其中。这一混乱的状况对上海的门户形象的影响是很不好的，已经引起许多人大代表、政协委员，以及市领导的关注。

　　针对浦东国际机场一期工程车道边的问题，运营部门做过一些研究，也做过一些改善，但是未能根本改变这一状况。为此，上海机场建设指挥部专门设立科研课题对二号航站楼前车道边进行了深入的研究，提出了一体化交通中心的理念。同时在人车分离、车种分离、接送分离、经停分离、信息共享等诸多方面提出了一整套全新的解决方案，获得了许多研究成果，并最终应用于浦东国际机场交通中心的设计中。现在大家对新的浦东国际机场交通中心普遍感到比较满意，一个重要的原因就是觉得交通中心的车道边做得不错（参见《浦东国际机场一体化交通中心》，上海科学技术出版社2008年出版）。浦东国际机场的多车道边体系如图10-7所示。

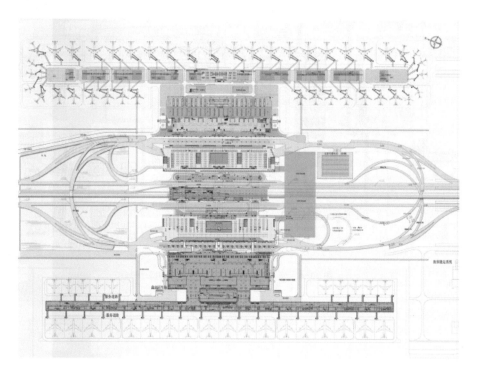

> **图 10-7** 浦东国际机场的多车道边体系

10.3　立题要面向工程设计和施工

前面讲的跑道的扩缝、刻槽问题是运行维护人员提出的，其实也是科研面向工程问题的案例之一。接下来讲的是科研选题一定要面向工程设计和施工中的相关问题。面向工程设计和施工可以从许多方面入手，但目的都要做到科研成果可用、可操作。

通常，设计管理者在发现现有技术难以满足投资控制的目标、难以满足工程进度的目标、难以解决设计和施工中的某个具体问题等时，就需要寻求科研的手段来突破瓶颈、推进项目。而对于设计管理者来说，还要特别注意在选用不熟悉的技术时要进行严谨的技术评估，这种评估也要借用科研手段。这种科研课题花费都比较小，多数是软课题，但是效果会非常好。

案例 112　　对多种适用技术的选定——浦东国际机场景观水池设计研究

浦东国际机场一期工程建设时，景观水池最早的方案是外国设计师提出的，是一个封闭有底水池的方案，招标的过程中出现了很多实施方案，在评标时业主一时无法选定哪种方案是真正可行的。后来研究证明，这些方案没有一个是完全可用的，但是有些方案已经提出要把水池底做成半透水的，这个思路是对的。如果水池是封闭有底的，则需要不断地投放消毒液来保证水质，这样一来，不光建设时投资巨大，而且对后期运营管理和成本控制都相当不利。为此机场建设指挥部组织了一个科研课题，进行景观水池实验分析和方案优化。

通过实验，我们发现可以通过保持漏水速度和进水速度的平衡来保证水质。随后进一步计算得出水池底要做成15%透、85%不透。如果水池底部超过15%透，就要不停地往水池里加水；如果少于15%，水池的水质就会逐渐变坏。这些在评标期间的两天时间内是无法确定的，一定要通过一系列科研，才能把问题弄清楚。

浦东国际机场的景观水池如图10-8所示。

> **图 10-8**　浦东国际机场的景观水池

　高新技术的开发与采用

上海磁浮交通发展有限公司在上海磁浮示范线建设过程中踩在德国人的肩上，通过科研攻关获得了不少磁浮交通的专利。

比如轨道梁支座，德方当初提供的支座要 3 万元人民币一个，大批量采购也要 2 万元一个，价格昂贵；而且我们通过研究发现，德方的支座还有许多技术问题未解决。磁浮公司就在德方的基础上进行了创新，最后发明了 6 种不同的支座运用于不同的工况，因此德方的支座成本被迫降低到每个 1000～5000 元人民币。

另外一个例子就是磁浮轨道使用的软磁钢。德方当初开价是 8000 元人民币/t，因为软磁钢用量很大，如果全部进口采购成本会很高，所以磁浮公司决定要开发软磁钢技术。当时磁浮公司还有一个想法，就是要全面掌握磁浮轨道系统的技术，也即希望中国要全部掌握磁浮轨道技术，否则中国在磁浮交通领域没有发言权。而软磁钢是磁浮轨道的核心技术之一，当时轨道系统的技术德方也没有完全掌握，他们更多的还是失败的教训。所以最后磁浮公司联合上海宝钢集团把软磁钢全部开发出来，成本只有 4000 多元人民币/t。这之后，国际上软磁钢的价格也跟着大大降低了。

正因为上海磁浮示范线开发使用了大量高新技术，获得了几十项技术专利，所以才使得这条世界上第一条商业运营磁浮交通线能够建成，并成功运营。同时也由于这些技术创新，上海磁浮示范线的投资才大大降低，保证了整条线路的投资控制在 100 亿元人民币以内。

以上海磁浮公司牵头，我们攻克了常温常导磁浮交通轨道系统的完整技术，并获得了国家科学技术进步奖（图 10-9）。

> **图 10-9** 上海磁浮交通轨道系统的研发获得国家科学技术进步奖

 讲评：上海磁浮示范线工程的成功，是科研为工程服务的典范。

案例 114 ┃ **对技术方案的优化——浦东国际机场的钢屋架和助航灯光研究**

浦东国际机场一号航站楼的钢屋架，在生产、吊装过程中，以及在设计过程中都进行了很多研究和优化。一号航站楼的钢屋架经过优化，增加了一些斜撑，使得用钢量比原设计降低了10%。浦东国际机场二号航站楼的钢屋架跨度比一号航站楼还大，在设计单位、施工单位一批专家的带领下，我们开展了专题研究，对结构进行优化，力争做出标准件。最后把每一榀屋架都做成 5 段标准件，在现场拼装，节省了许多投资。工程直接费用中用钢量比一号航站楼又降低了 15%。通过减少吊装时的辅助设施，间接费用降低得更多。

另一个例子就是浦东国际机场四条跑道的灯光系统研究。国内从前都没有做过这方面的系统，更不要说盲降条件下四条跑道的灯光系统。最后我们请外国咨询公司进行科研，为我们助航灯光系统的设计提供了很大的帮助。

浦东国际机场二号航站楼钢屋架如图 10-10 所示。

> **图 10-10**　浦东国际机场二号航站楼钢屋架

前面讲的都是科研选题方面要注意的问题，下面介绍开展科研工作中的一些管理问题和工作方法。

10.4　开放研究、谨慎应用、循序渐进

"开放研究、谨慎应用、循序渐进"说的是科研管理中的方法和实施的三个步骤。开放研究是指早期要解放思想，研究的面要宽，题目要多，但可以只是科研本身可行性的研究，可以只是调查研究。这是第一步，是"广种薄收"的时期。谨慎应用是指在工程中采用的课题要认真选择、深入研究，并与工程规划设计相结合。项目要落地、要可操作、要最终能实施见成效。循序渐进是指研究成果的实施推进中要注意风险控制。

案例 115　**浦东国际机场二期扩建工程节能课题的科研成果**

下面是浦东国际机场二期扩建工程节能课题科研工作中，上海机场建设指挥部开放研究、

谨慎应用、循序渐进三步走的案例。

第一步就是开放研究，指挥部请同济大学提出哪些项目可以进行节能研究，没有什么限制，这就是开放性的研究思路。最后同济大学提出了可以进行节能研究的 15 个方面的课题，指挥部从中选出三大类、八个方面开展深入研究工作。

第二步是谨慎应用。浦东国际机场二期能源中心的蓄冷方式选用，开始有两种方案，一种是水蓄冷，一种冰蓄冷。招标的时候，两种方案争论很大，指挥部就决定暂时不做选择，要求科研继续往下进行，因为科研深度越深，对决策的帮助越大。在进行了 2 个月的深入研究后，大家逐步统一了意见，认为水蓄冷比较合适。水蓄冷的先进性可能不如冰蓄冷，但技术成熟，运行维护比较简单；缺点是占地比较大。由于能源中心运行维护单位的管理水平一时上不去，水蓄冷的优势比较明显，而浦东国际机场有大量闲置用地，所以水蓄冷最大的缺点占地问题在浦东国际机场还不是太明显。

第三步是循序渐进。水蓄冷虽然技术成熟，但还没有如此大规模应用的先例，而且在浦东国际机场的应用中还有很多创新的地方。按照规模计算，这个系统一共需要 4 个水蓄冷罐，为了谨慎起见，我们决定分两期实施，第一期建设 2 个罐，等第一期建设完成并实际应用、积累经验后，再建设第二期 2 个罐。因为第一期用完以后，一定会对后面 2 个罐的设计有很多优化意见。最后，我们在浦东国际机场二号航站楼能源中心建了 4 个 1 万 m^3 的水蓄冷罐。

在积累了多年经验之后，我们在虹桥国际机场扩建工程建设时胆子就大了，一下就建了 2 个 2 万 m^3 的蓄冷罐（图 10-11）。

> **图 10-11** 虹桥国际机场二号航站楼能源中心的蓄冷罐

🌿 **讲评**：上面是以节能的课题为例，具体介绍开放研究、谨慎应用、循序渐进这三个步骤。下面再介绍一个谨慎应用的例子。

案例 116 ┃ **浦东国际机场二期扩建工程中新能源研究**

浦东国际机场二期扩建工程一开始，我们就开展了太阳能、地热利用这两个科研项目的研究。经过详细研究，发现这两个项目在浦东国际机场运用存在很多问题，而且随着研究的深入，发现的问题越多、越大，因此我们决定浦东国际机场二期工程暂不考虑太阳能、地热利用。

等到浦东国际机场二期工程节能课题结题的时候，专家对科研成果比较满意，唯一的疑问是为什么不采用新能源？我们回答已经进行了很多研究，并举例说明了为什么没有采用太阳能和地热的理由，专家对研究结论一致认可。

10.5　提高管控能力，建立保障体制

一个设计管理团队，不可能什么都懂，我比较强调的是应有集成管理和总体管理的能力，而不是去做某个具体的项目。因此要提高对科研的管控能力，建立科研的保障机制，要特别注意利用全社会的力量。这方面上海的条件比较好，各方面的专业力量都比较强。

浦东国际机场二期工程一共有十几类课题，完全由指挥部承担的课题很少，而且主要以软课题为主，只有极少的一部分是我们自己研发的，其他都是利用全社会方方面面的力量来帮助完成。设计单位承担了将近一半的工作量，剩下还有外国咨询公司，这就是过去提到的借用外脑。需要说明的是即使指挥部科研力量很强，也不可能方方面面都懂，如果自己来承担这些科研，不可能做到最好。因此利用社会力量，对一个设计管理团队来说非常重要。

但是，设计管理团队需要有较强的对社会力量开展科研工作的管控能力。比如，机场指挥部有很多科研课题，每一个课题都有专人负责管理，有的甚至几个人负责管理。但是课题成果做出来差异很大，其中有一个重要的影响因素就是管理人员的素质和能力，这个能力是多方面

的，包括：管理能力、协调能力、知识背景，以及对课题的认知程度。

案例 117 | **浦东国际机场二期扩建工程科研课题的管控**

指挥部对科研课题管理人员的规定是：作为课题责任人，需符合以下条件之一，即课题责任人可由集团公司、指挥部、股份公司、虹桥机场公司、实业公司以及机场公安分局中层及中层以上岗位负责人或技术人员担任；课题责任人由技术人员担任的，须具备高级职称或博士学位，且具备项目管理经历；特殊情况下，课题责任人可由集团公司内中级职称人员担任，但须具备所申请科技项目的专业背景或实践背景。这是质量管理方面的保证措施，因为只有具备一定的实践经历及知识能力才可能和能够拥有相应的项目管控能力。

浦东国际机场二期工程节能减排的科研课题由 8 个小课题组成，这 8 个小课题以及其他比如行李系统研究、总体规划研究等做得比较好的课题，都是由管理水平比较高的人管控。比如节能减排课题是机场指挥部副总工程师负责的，他所学的专业就是暖通，所以对节能研究很熟悉，在课题里做了很多协调和管理工作。在整个过程中，他一直动态围绕着节能减排的主线，发现了许多新的问题，题目越做越多，最后再收敛回来，集中到节能研究的结论上，课题越深入、越做到后面，节能减排的结论越好。最近一次节能减排课题的结论是：与《上海市公共建筑节能标准》相比，浦东国际机场二期扩建工程全年节能 17%。这说明他对整个科研过程的管控能力很强。有的课题就不一样，管理跟不上，科研效果就不好。

但是也有例外，业主管控得不好，也不一定效果不好。比如机场场道地基的科研课题是请同济大学教授做的，做的结果很好，指挥部基本没有怎么管。这不是说真的不需要管控，其实只是把管理的责任移交到同济大学教授身上了。指挥部对大项目进行管控是有优势的，因为研究的目标非常明确，但是如果指挥部人力不够，能找到好的管理者来替代管理也是可以的。

案例 118 | **浦东国际机场二期扩建工程的科研工作推进机制**

完善的科研工作推进机制是浦东国际机场二期工程科研管理工作的突出亮点。二期工程科研工作的推进机制有七个组成部分：组织保障、制度建设、大会推进、配套投入、试验研究、交流平台建设以及外部力量利用。

(1) 建立组织保障。2004 年 8 月召开的"浦东国际机场二期工程科研工作推进会",确定成立了浦东国际机场二期工程科研课题领导小组,由总指挥担任组长,领导小组成员由民航总局和上海市科委有关领导、参加二期工程建设的相关设计单位、施工单位、科研院校和机场建设指挥部的相关领导组成。科研课题领导小组的成立,为二期工程科研工作提供了组织保障。

(2) 完善制度建设。创新与完善科研管理制度是科研工作高效推进的有效保障。对科研项目的管理,指挥部采取各种有效的措施,建立灵活的反应机制,保障了科研工作有条不紊地进行。另外,我们十分注重科研管理的创新,即在科研项目管理过程中,探索一种有利于目标达成的有效组织管理方式。比如,我们将项目管理的方法应用到科研项目管理中,有效控制科研项目的选题、立项、进度、成本、质量、结题和验收等环节;同时强调科研项目的风险管理与知识产权管理,最终完善了《指挥部科研计划项目管理细则》和指挥部科研计划项目管理流程。

(3) 进行大会推进。科技大会和科研工作推进会是科研工作的助推器。机场建设指挥部每年召开一次科研工作推进会,系统总结科研工作进展,汇报科研项目动态,部署下一步科研工作计划,使各项科研工作落到实处,有效地促进了科研工作的开展。

(4) 加大配套投入。在浦东国际机场二期工程中,指挥部投入科研配套经费累计 1000 余万元,此外,二期工程科研工作得到上海市科委的大力支持,共有 4 个大项 15 个子项课题得到上海市科委的资助,资助金额达到 920 万元;人才投入是科研配套的重要组成部分,指挥部形成了由 25 名民航总局级专家、50 名集团科技委员会及专业委员会专家和 50 名团委优秀青年管理人才组成的核心人才队伍。在指挥部科研计划项目中,课题负责人都由单位技术骨干来担任,他们基本都具有高级职称或博士学位。

(5) 开展试验研究。为配套落实立项科研计划项目,指挥部投入 1000 多万元试验经费,开展了一系列的试验研究工作。在第二跑道建设初期,指挥部完成了"浦东国际机场东西向联络滑行道地基处理试验"和"浦东国际机场飞行区地基浅层加固处理试验"。2005 年,指挥部开展了"浦东国际机场扩建工程第三跑道系统工程地基处理试验区工程"研究。同时,为支持"航站区关键技术研究"钢结构子课题,配合二号航站楼钢结构的设计,指挥部投入 200 万元进行了风洞试验、抗震试验和钢铸件的试验研究。这些试验研究支撑了科研课题的进行,采集到大量第一手资料,为科研项目提供了科学依据。

(6) 搭建交流平台。对科研成果进行推广和宣传是推进科研工作的有效手段。为此上海机场建设指挥部创办了一本以学术论文为主的刊物——《上海机场》，为科技人员提供了一个学用结合、学术交流的平台，定期交流上海机场建设和运营管理领域的各种学术信息。我们还与上海科学技术出版社合作，出版了《上海空港》连续出版物，侧重于反映规划、设计、建设、运营等研究领域取得的阶段性成果，突出科技创新主题。《上海机场》和《上海空港》的出版，使科技成果得到宣传和推广，对科研工作起到了很好的促进作用。

（7）充分利用"外脑"。充分利用"外脑"是浦东国际机场二期工程科研工作的一个基本思想。一方面通过各科研课题的开展，联合各大科研院校和单位的科研队伍，为上海机场科研队伍注入新鲜的血液，极大地加强了上海机场的科研能力。在浦东国际机场二期工程科研活动中，参与联合攻关的国内外合作单位达到 22 家，包括现代建筑设计集团、上海建工集团、同济大学、上海市规划局、上海铁路局、东方航空、上海市隧道设计研究院、上海城市综合交通规划研究所、上海磁浮交通发展有限公司等一批实力雄厚的国内科研单位，以及美国兰德隆与布朗环球服务公司和杨莫伦建筑事务所、荷兰奈柯机场咨询公司（NACO）、法国巴黎机场设计公司（ADPi）、英国里查罗杰斯和奥雅纳公司等一批境外机构。另一方面，指挥部还聘请国内外民航界的著名专家组成了专家顾问委员会，利用他们丰富的经验和智慧，来充实指挥部的科研技术力量，为机场建设出谋划策，为工程建设把关。指挥部从成立伊始，就先后聘请了一批由知名两院院士、国家级设计大师和总工程师等组成的常聘和非常聘顾问，涉及民航机场规划、设计、建设和管理、土建、安装、机械、设备及电子通信等十多个领域。

10.6　要特别注意人才培养

人才培养是工程项目管理中一个很重要的方面。就工程科研来讲，它与一般的科研不一样，工程建设最重要的是通过建设过程和科研工作，特别是到建设的后期，培养出一批人才，等到工程结束的时候，就能接收和运营这个项目。因此，工程项目科研培养人才最主要的还是对运营管理人才的培养。当然对设计人才、工程人才、管理人才的培养也很重要，但是产生最明显效益的，还是运营管理方面的人才。

案例 119　浦东国际机场通过工程和科研培养运营管理人才

浦东国际机场一期和二期工程都成功通过建设和科研培养出一批人才，当机场建设结束后，自己培养出的人才就可以接管机场运营，这对企业的成本控制是非常有益的。

泰国新机场、迪拜机场建成后都是由供应商在运营管理，机场当局的人员没有能力来接手，这样成本当然非常高。也有国内某机场在竣工前，其运营部门表示接管不了新建成航站楼的行李处理系统，该机场只能与各大设备供应厂商谈判，请厂商为其代为运行。人才培养这一点，上海机场建设指挥部做得是比较成功的，项目竣工，我们培养的人才就能够接管项目。浦东国际机场二期工程建设完成以后，指挥部就派了50多名技术骨干到运营部门去。

案例 120　浦东国际机场二期扩建工程科研工作中的人才培养

浦东国际机场二期工程科研活动的开展不仅推进了机场工程建设，创造了良好的经济效益和社会效益，更重要的是培养了一批高素质的人才，为上海机场打造持续创新能力提供了动力保障。

浦东国际机场二期工程通过科研活动形成了良好的科研人才培养和激励机制，一方面，我们鼓励有潜质和创新能力的中青年人才，通过申报课题立项，承担重大科研项目；另一方面，在上海市科委的帮助下，我们借助上海市乃至全国的先进科研、技术力量跨单位跨部门地吸纳中青年人才组成课题组，进行联合攻关，这样就形成了多专业集成的以中青年为主、老中青相结合的良好的科研梯队。

对中青年科技人才的培养，是人才培养的重要组成部分，中青年科技人才成为浦东国际机场二期工程科研活动的主力军。在指挥部科研计划项目中，几乎所有的课题都是由中青年技术人员担任课题责任人的，他们基本上都具有高级职称或博士学位，各课题组成员中45周岁以下技术人员所占比例达到90%以上。这些以中青年为核心的科技人才在科研攻关中不但发挥着主力军的作用，而且在实践中他们自身也得到了锻炼，培养出良好的科学精神、团队精神和奉献精神。

　　浦东国际机场二期工程科研工作对科技人才的培养，不仅包括机场集团内部人才的培养，而且包括对社会人才的培养。一方面，二期工程科研工作的开展，为上海机场培养了一批业务精湛的科技人才，使他们的科技能力得到提高，这种科技能力的提高，既包括科学知识技能的提高，也包括科研管理能力的提高；另一方面，通过各科研课题的开展，联合了各大科研院校和单位的科研队伍，这些科技人才的加入，为二期工程科研工作提供强大动力的同时，也使他们自身得到了锻炼。在浦东国际机场二期工程中，共有22家单位参与科研课题联合攻关，形成了庞大的科研人才网络，参与二期工程科研课题攻关的实践活动，对这些人才是很大的培养和锻炼。这一大批科技人才的培养，为上海市"科教兴市"战略提供了动力，对提高我国科学技术水平和促进我国民航科技发展也具有重要意义。

　　总而言之，浦东国际机场二期工程科研工作的开展，为上海机场今后的发展建立了一支素质较高的科技人才队伍，锻炼和巩固了技术骨干团队。这些科技人才是上海机场最宝贵的财富，也成为我国民航科技发展的生力军，对他们的培养成为上海机场集团为上海"科教兴市"战略添砖加瓦的重要举措。

第11章

综合激励法

综合激励法是指设计管理者对设计咨询团队在成本、进度、质量和服务等方面的工作业绩进行考核、奖惩的设计管理方法。激励的形式可以多种多样，但必须具有吸引力，能够起到激励作用，绝不能搞平均主义。

通过什么样的方式来激励，是很重要的，许多从事过工程管理的人对此会有许多切身体会。对于设计团队确实需要进行激励与考核，要有奖惩，但是目前确实还没有很好的激励办法。在我国现行的体制下，进行有效激励非常困难。

针对设计管理中成本控制、进度控制、质量控制和服务控制的要求，对设计咨询团队，可以主要从下述几个方面来激励。

11.1　成本激励

成本激励就是以节省工程项目的投资为依据进行激励。业主可以在工程可行性研究的基础上，或者初步设计完成以后，要求设计单位（或业主代表）对设计进行进一步的优化。业主承诺在优化节省的投资中，按一定比例提取一部分作为奖励。

案例 121　　**共和新路高架工程的成本激励**

上海市共和新路高架工程是集高架道路、轨道交通为一体的重大市政基础设施，属集合体高架，工程南接南北高架至联谊路落地，全长约 9.65 km。同时轨道交通 1 号线延伸段由上海火车站向北延伸至彭江路处由地下出洞，沿共和新路高架向北至联谊路。共和新路高架道路工程标准路段为高架 6 车道加地面 6 个机动车道和 2 个非机动车道，与南北高架保持一致（图 11-1）。

上海申通集团是共和新路高架工程的业主单位，统一管理工程设计和建设。当时业主提出在投资中抽出一部分钱进行设计激励，结果运用的效果很好。共和新路高架工程可行性研究投资是 43 亿元，初步设计优化以后降到 36 亿元，这其中各大设计单位做了很多工作。当时，业主邀请了一家美国咨询公司对工程初步设计图纸进行审核，并承诺审核核减的投资金额一半归

> **图 11-1** 上海市共和新路高架

该公司所有。但是业主把这个承诺提前告诉了设计单位,所以设计单位在设计的时候就很小心和节省,最后美国咨询公司没能核减多少投资。

申通集团对业主代表和设计单位进行进一步激励,承诺在初步设计优化工作完成以后的 36 亿元投资中,如果再省出 1 亿元,以 10% 即 1000 万元作为奖励;省出第二个 1 亿元,以 20% 即 2000 万元作为奖励,以此类推(这是因为最初的 1 亿元最容易省出,越往后越难省)。最后这个工程总投资不到 35 亿元就建成了。

这种做法国外的设计管理单位比较常用,在国内如果有成熟的施工总包单位,就比较容易采用这种方式。

案例 122　　**虹桥国际机场扩建工程飞行区消防站和灯光站设计**

在虹桥国际机场扩建工程的规划设计中,由于土地价格很高,同时为了响应国家关于节约用地的号召,我们请民航院把飞行区消防站和灯光站结合成一座建筑进行设计。设计单位克服了两个困难:一是这种合建的做法是否满足现有规范的要求,因为这是第一次这么做,过去的规范都是按分开设计布置而制定的；二是我们提出这个要求时，设计单位已经完成了初步设计，如果两者结合在一起，会给设计单位增加不少的工作量。为此，我提出如果该项工作取得成功，指挥部从节省的土地基金中拿出一半来奖励设计单位。指挥部的领导也同意这个提议。最后设计单位经过很大的努力，达到了两站合一的目标，为机场节约用地近1亩，合计人民币150万元。但遗憾的是由于种种原因，我们至今还没有兑现奖励（图11-2）。

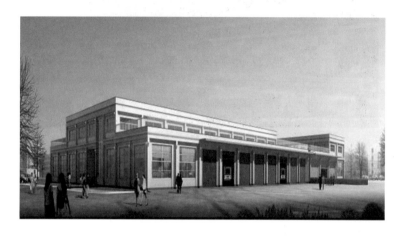

> **图 11-2**　虹桥国际机场扩建工程飞行区消防站与灯光站

11.2　进度激励

进度激励一般在设计合同的条款里常有，是指业主按照进度节点付款并且根据进度节点完成情况设置节点奖励。但是从整体上讲，由于奖励没有落实到设计人员个人头上，这种方式激励的效果往往不是很好。

案例 123　**浦东国际机场二期扩建工程航站区设计总承包合同**

在浦东国际机场二期航站区总承包设计合同中，指挥部与设计单位就设计进度奖励作出了明确的约定，比如：

　　"在确保二期航站区于 2008 年投入使用的前提下，甲方同意使用设计总承包合同内的1000万元，作为乙方设计人员的津贴和奖励费用。"

　　"上述赶工费用包括乙方驻现场人员的伙食费和完成节点进度、优质工程的奖励。"

　　"甲方将根据第一条的要求对乙方现场设计完成任务的情况进行考核。具体发放对象、数额将由甲方根据考核情况发放。乙方如未完成甲方交付任务，甲方有权酌情对此费用进行减、扣。"

　　在合同中我们还与设计单位约定了一系列的进度节点，通过这些合同进度节点的完成情况与奖励措施直接挂钩的办法，有效地控制了设计单位的设计进度，对于确保工程按期顺利建成、投入使用发挥了很大的作用。

11.3　质量激励

　　很多工程项目的管理，对施工质量很重视，但对设计质量往往不太重视。现在的设计单位已经是独立的市场主体，不再是 20 世纪五六十年代那种集项目投资控制、质量控制、进度控制等职能于一体的半业主性质的设计单位了。

　　因此，工程管理中必须重视设计质量管理。这里的质量不是指具体意义上的质量，而是指把设计做好做精。现在很多业主和项目管理公司往往由临时抽调的人员组成，他们既没有专业背景，又缺乏协作经验，根本无法管理设计单位和控制设计质量。设计单位在整个项目链中处于高端位置，具有很强的技术性，项目管理公司往往没有能力管。

　　目前"不管"的前提是项目管理公司常常主观认为设计单位在质量上是没有问题的，而事实并非如此，设计单位在工程中设计质量出问题是常有的事，所以，业主不要认为设计单位保证质量是理所当然和不需要努力的，要避免"保证质量是应该的、质量差要受罚"的倾向，从而做到奖惩分明，因为高质量的设计是要付出代价的。

　　长久以来，我们对设计质量问题的认识是错误的，我们的体制不鼓励优质优价。对于电视机，我们可以接受不同的品牌、不同的价格，可对于不同质量的设计，却不能按质论价。这是极不合理的，会鼓励低质低价流行。

国家对图纸质量的控制办法就是强制性审图。强制性审图有积极的一面，特别是其对土建结构、消防设计等的审查。但是整体来说，因为是在设计单位相互之间审图，所以强制性审图有机制上的缺陷，很难起到预想的作用。因此业主方一定要对设计质量进行监控，可以请专家或专业人士对图纸进行独立的、第三方专业性审查，这与国家的审查不同，主要偏重技术上的审查。

此外，要减少改图量和现场签证量，应该建立对图纸签证量和变更量的考核机制和对图纸质量的控制机制。最根本的，是要等图纸设计完成以后再进行工程施工招标。如果图纸是匆匆忙忙赶出来的，那么施工中的签证量一定很大。我们对签证量大的设计人员或专业工种、团队是给予惩罚的。

案例 124　　**对设计院设计变更的考核与奖惩**

在浦东国际机场二期工程建设时，我在指挥部曾要求设计单位内部的项目管理部门加强对设计变更的管理。凡是由于设计原因发生变更的，都必须由设计人员出面"承认自己的失误或错误"，并对所有设计变更每月进行分析，每个季度开展奖惩。这一举措收到了较好的效果，大大减少了设计变更量，很好地分清了引起变更的因素。对于设计人员来说，那些人情因素、面子因素等引起的变更几乎被杜绝了。

设计变更是最容易被大家接受的变更，管住了设计变更，就更加有利于控制投资和进度了。

11.4　服务激励

服务激励主要是业主根据设计单位的服务态度和服务水平，特别是针对现场工作的情况进行考核，对设计单位为项目提供的服务进行激励。服务激励的奖金一般也会在设计合同中明确。

由于重大基础设施项目的工程现场常常不在城市中心区，例如机场会远离市区，设计单位的设计人员如果只待在市区的办公室内进行设计和工作，将很难全面了解现场情况并做到及时服务和沟通。因此，为了得到设计单位更好的服务，业主必须想办法激励设计人员深入现场，甚至到现场办公。

案例 125 | **浦东国际机场一期工程中的设计服务激励**

浦东国际机场一期工程对设计单位服务激励的效果比较好。当时指挥部对设计单位在现场服务的人员直接进行奖励，由设计管理者和工程实施管理者确定标准并直接向设计人员发放奖金。因为奖金直接发放到设计人员个人手上，所以效果比较好。当时是第一次采用这种奖励办法，设计单位还没有想到什么应对的方法。

同样的办法放到浦东国际机场二期工程中使用就出现了问题。设计单位把指挥部发给设计人员的奖金从设计人员应从设计院得到的奖金中扣除了，这样激励就没有了效果。究其原因，还是因为设计单位手上不止一个项目，设计人员的设计任务也很饱满，所以设计单位往往按其自己的管理思路来安排员工为不同的项目服务。

讲评：在我国现行的体制下对设计服务进行激励还是比较困难的，但是这种激励依然是必要的，甚至是必不可少的。

第 12 章

结　语

12.1　结论

本书从业主的角度出发，针对重大基础设施的设计管理进行研究。由于所处的立场和角度不一样，业主方设计管理与设计院的设计管理有很大的不同。

总结全书，主要有以下几点结论：

第一，由于市场机制的改变，业主方直接进行设计管理越来越困难和不切实际，因此设计管理迫切需要专业的中介机构介入和参与。中立性和诚信制度的建立是设计管理中介机构生存的必要前提。

第二，由于设计院角色的变化，设计单位已经从集项目投资控制、质量控制、进度控制等职能于一体的半业主性质机构转变为独立的市场主体，因此对设计院的行为必须进行强有力的控制。

第三，需要培养设计管理者团队，并建立相应的市场法治体系对其行为进行规范。境外设计管理团队的数量较多，而国内还刚刚处于起步阶段，现在我国建筑业在市场化水平越来越高的情况下，对专业设计管理团队的需求越来越迫切。

第四，新的设计单位取费机制的建立势在必行。在设计单位体制改革后，国家一直没有建立起新的设计取费机制，这造成了设计单位间严重的相互杀价现象，阻碍了设计行业的健康和正常发展。

第五，必须尽快建立符合社会主义市场经济体制的技术法规体系。我国现有的技术法规体系还比较落后，应进行梳理分类为强制性法规和建议性法规，并避免不同法规间的冲突。

第六，很多问题都可以归结为"项目法人制度"和"职业经理人制度"的问题。这两种制度在我国还没有很好地建立起来，特别是在重大基础设施建设领域，项目法人制度基本不存在，同时也没有成熟的职业经理人制度，这样就很难保证诚信。

第七，工程项目管理（PM）全过程分成设计管理（DM）、施工管理（CM）和物业管理（FM），这种 PM＝DM＋CM＋FM 的项目管理模式也许是符合中国国情的。如何建立中国式的设计管理、施工管理、物业管理正是当前广大工程项目管理者面临的共同课题。本书对重大基础设施的设计管理做了一点探索，相比之下对施工管理的研究已经比较成熟，而重大基础设施的物业管理也同设计管理一样处于起步阶段。

案例 126　重大基础设施的物业管理

现在社会上物业管理发展很快，但是在重大基础设施项目中开展社会化的物业管理还很难。上海磁浮交通发展有限公司在磁浮龙阳路车站和浦东国际机场站做了很好的探索。

1. 牵引供电系统的运行维护管理

牵引供电系统是整个磁浮系统中的一个重要子系统，绝大多数设备从德国进口。该系统主要包括 110 kV 主变-牵引变电所 2 座，轨旁变电站 9 座，轨旁开关站 57 个，辅助供电高压配电间 2 间以及电缆系统，此外，在龙阳路车站和维修基地内各有 20 kV/0.4 kV 变电站 1 座。

该系统中的高功率、中功率、低功率变流牵引模块等是磁浮系统的核心模块，市场上无法找到相应的管理单位。为此磁浮公司运行部派遣专门人员赴德进行培训，以期自行对上述模块进行运行维护管理。该系统中实行社会化管理的范围是除上述内容以外的所有牵引供电系统，以及主变-牵引变电站的常规物业管理和运行维护管理。具体内容包括：运行值班、保安、清洁；道路、绿化维护；电气设备、电缆线路的巡检，计量；清扫及保养；设备的缺陷清除、故障抢修；对承包范围内电气设备进行计划内维修、维护工作以及做好运行中必要的配合工作。

对于实行社会化管理的这部分工作，虽然其专业化要求较高，但是社会上具有合格资质和实力的专业单位较多，有较好的市场化条件。通过资格审查，我们对 6 家有实力的专业运行维护管理单位进行了招标。结果，上海闵行电力实业有限公司中标。通过公开招标的方式，我们既保证了中标者的专业水平，又有效地控制了管理成本。中标单位在磁浮公司运行部的领导和监管下，很好地保证了牵引供电系统的安全可靠运行。

牵引供电系统运行维护管理模式是一种社会化管理的典型模式，这种模式的基础是社会化和专业化分工的市场大环境。在市场环境下，中标单位上海闵行电力实业有限公司增加的投入对企业而言成本是很低的，甚至是一种边际成本。

2. 运行控制系统的维护管理

运行控制系统是磁浮系统的核心，在市场上找不到合格的运行维护管理单位。为此，磁浮公司和华东电脑公司联合组建了由磁浮公司控股的上海迈创科技有限公司，负责上海磁浮示范线运行控制系统的建设，磁浮公司派出人员从中学习、培训，最终达到能够承担磁浮列车运行控制系统运行维护工作的目的。运行控制系统是磁浮系统的核心技术，对系统安全和运行稳定至关重要，因此磁浮公司投资控股了迈创公司。

上海磁浮示范线采用控股公司对核心系统进行控制的模式，也是一种社会化、市场化管理的新型模式，不仅引进了社会上专业的技术力量来承担系统的维护工作，而且通过资金参股和派出人员的办法掌握了这部分技术，也达到了培育市场主体、建设市场环境的目的。迈创公司同时还承担了维护管理系统、办公自动化系统的维护工作，一旦时机成熟就可将迈创公司完全推向市场。

3. 站场、轨道系统的物业管理

上海磁浮示范线的基础设施包括2座车站（龙阳路站、浦东机场站）、1座维修基地，沿线包括线路轨道系统、各种轨旁设施以及绿化、围墙等，由于它是世界上第一条商业运营线，具有较好的旅游观光性，因此，示范线的物业管理工作要求较高。

我们邀请了6家专业物业管理公司，将龙阳路站、浦东机场站、维修基地以及沿线设施分为两个物业管理标段进行了招标。最终上海明华物业公司和上海外滩物业有限公司两家单位分别中标。在磁浮公司运行部的领导和监管下，两家公司相互竞争、相互学习，管理水平不断提高，同时又互为"替补队员"，充分体现出社会化、市场化的优势。一般物业管理主要包括清洁、保安、养护、停车等一般服务业的内容，而上海磁浮示范线的物业管理除了这些内容之外，还包含了站务、设施维护以及对外接待等服务项目。这些在招标文件中都作了详细规定，明确了物业管理的管理范围、职责和权限，强化了磁浮公司对物业管理单位的指导和管理。

上海外滩和明华两家物业管理公司承担上海磁浮示范线的运行及物业管理的工作，既是企业自身拓展服务领域的良好开端，也为企业带来了大发展的机会，这一方面提高了公司的经济效益，同时也具有良好的社会效益。物业管理公司参与上海磁浮示范线的运行维护管理工作的意义是深远的，为轨道交通设施的社会化管理启动了一个巨大的市场。

4. 售检票系统经营权转让、售票委托管理

自动售检票系统包括管理系统、车站计算机系统及车站设备三个部分。为了实现票务管理的社会化，提高透明度，我们提出了转让经营权、售票委托管理的方案，随后用了很长的时间研究可操作性和编制标书。标书规定经营权转让和委托售票管理范围包括投标单位获得磁浮公司设立的票务收入专户和在车站指定位置（自动售检票系统设备和售票亭部分区域）发布企业标识的权利，经营权转让和委托售票管理的期限为5年。公开招标后，中国银行上海市分行中

标。至此，我们成功地实施了自动售检票系统经营权与票务管理的社会化管理。

这次转让和委托过程实际上是一个双赢的过程。首先，磁浮公司直接的经济效益在于获得中国银行支付的经营权转让和票务管理委托费 501 万元这一综合收入。其次，由于票务管理工作委托给中国银行带来磁浮公司的管理成本降低，间接地也成为磁浮公司在博弈过程中的收益。初步测算，磁浮公司可至少节省 5 年票务管理成本 700 万元。因此，这次经营权转让和票务管理委托，带给磁浮公司的直接经济效益有 1200 万元之多。显然，磁浮公司的直接收益来自于中国银行的实际支出，那么中国银行赢在哪里呢？首先，车站部分票务关联的经营权是中国银行在本次转让中的直接收益之一。其次，磁浮票务收入的现金流直接进入中国银行开设的专户，这是有保证的、稳定的现金流，当然会给中国银行资金运作带来稳定的存贷利差收益。合同还约定，磁浮公司承诺票务收入专户中的存款平均余额不低于 500 万元人民币，银行可以通过运用这些资金获取收益。再次，中国银行通过设立磁浮公司的票务收入专户，不仅争取到又一高端客户，而且也延伸了中国银行的服务范围，甚至可以认为中国银行免费在磁浮车站增加了一个业务服务网点。最后，中国银行在此次交易中还获得了巨大的广告效益。

磁浮项目存在稳定的长期收益是售检票系统经营权转让、售票委托管理成功的根本，而这一特点也是许多基础设施项目所共有的。这种经营管理模式具有非常积极的借鉴意义。

5. 磁浮公司运行部的工作

磁浮公司运行部负责运行调度和日常运行与维护的统一指挥和监管，以及一些当前还无法市场化的运行维护工作，它将逐步被培养成为一个独立的市场主体。由于磁浮车辆是磁浮系统的核心技术所在，国内还没有人掌握它的维护技术，因此市场上无法找到相应的维护管理单位，为此磁浮公司运行部派遣了多批专业技术人员赴德进行培训，从而可以自己对车辆进行运营维护管理。

讲评：

上海磁浮示范线在运营管理上创造了一种符合轨道交通特点的新模式。这种模式的指导思想是经营市场化、管理社会化、专业化。这种运营管理模式的最大优点是：对资产所有者来说"产权明晰"，对运营商来说"责权利清楚"。该模式对资产所有者的经营管理水平和运营商的运行管理水平都提出了较高的要求，但并不要求人的数量，因此磁浮公司运行部只要有 50 余人就足够了。

该模式的特征为资产所有者负责资产的管理委托和经营（市场营销），运营商（公司）负责运行调度和日常运行与维护的统一指挥和管理。牵引供电系统、运行控制系统、车辆系统、站场与轨道系统则根据市场的不同成熟度，由资产所有者通过招投标确定其运行维护商。其中，站场与线路轨道的管理和维护交由一般性物业公司负责；售检票系统由银行负责售票，物业公司负责检票，专业公司负责设备维护，而只有资产所有者可以随时从中央计算机得到全部票务信息。

12.2　技术逻辑与管理艺术

对于管理，更多的是艺术。艺术是直觉，来自经验积累的直觉；艺术是默契，需要团队合力、用人所长，来自人与人之间的默契。

案例 127　｜　**设计管理最终是艺术**

由于重大基础设施的复杂性，其设计管理工作必须要突出重点、有效管理，否则眉毛胡子一把抓，往往捡了芝麻丢了西瓜，很难管理好。这里的重点是指工程项目的主要制约因素和关键线路上的作业工序。以机场为例，其等同于一座小城市，规划设计非常复杂，那么设计管理从哪里入手管，管哪些事情是首先要解决的问题。

例如浦东国际机场二号航站楼，从建设伊始，指挥部就将旅客流程、行李处理系统、钢结构屋盖系统和信息系统集成这四个方面确立为规划设计管理工作的重点。

旅客流程是机场航站楼设计的基本依据，航站楼的层数、建筑布局、结构等全部是以旅客流程分析为基础的。如何处理好旅客的国际流程、国内流程、中转流程以及办票、一关三检、安检、登机的流程是航站楼设计的基本出发点和主要考虑因素。

行李处理系统采购周期很长，常处于网络计划图的关键线路上，是工程进度的主要影响因素，而且行李系统位于航站楼内，其工艺流程、规模、制式的确定也制约着航站楼的设计。同时行李处理系统造价昂贵，所占投资比重很大，是投资和造价控制的重点子项。

浦东机场二号航站楼钢结构屋盖系统包含钢结构、屋面和幕墙三个组成部分。其钢结构用钢量为 2.9 万 t，为黄浦江上杨浦、南浦、卢浦三座大桥用钢量之和，规模大、构造复杂，且工期非常紧张，直接影响总进度的执行。其屋面采用了正反弧技术，有重大技术风险，屋面施工进度也会直接影响到后续工程。其幕墙工程由于节能设计要求和大量曲线的存在使得技术复杂。三部分加起来导致航站楼钢结构屋盖系统工程周期长（我们用了一年多时间），成为工程进度控制的最关键点。

信息系统集成是机场建成后投入运营使用的技术基础设施。现代大型机场的运营管理都是基于信息系统的，而信息系统的架设受制于建成后的运营管理体制，要在设计阶段就明确运营管理需求是件非常困难的事情。但如果信息系统规划设计不合理，将给机场建成后的运营使用带来极大的不便和影响。同时信息系统硬件设备更新速度很快，投资巨大，如果在规划设计时选择的系统和设备出现问题，将带来无法挽回的重大损失。

实际上，我们牢牢抓住旅客流程、行李系统和信息系统就等于是抓住了航站楼内人流、物流和信息流三大运营流程，这就是保证航站楼能用、好用的最关键点；而钢结构屋盖则是制约工期的最大瓶颈。

实践证明，选择旅客流程、行李处理系统、钢结构屋盖系统和信息系统集成这四个方面作为规划设计管理工作的重点是正确的。浦东国际机场二期工程可行性研究中的投资为197亿元人民币，工程竣工初步结算时投资只用了150亿元左右，为国家节约了大量的资金。同时从浦东国际机场二期工程正式投入运营以来各方面反映的情况来看，整个二期工程建设是很成功的：旅客流程设计合理，大大方便了旅客，在二号航站楼内旅客将充分享受到机场的便利和舒适；行李处理系统处理时间短、故障率低，而且造价便宜，仅为3.5亿元人民币；信息系统方面，浦东国际机场二期工程结合一期信息系统改造和上海一市两场布局，采用一体化的信息集成系统为虹桥国际机场、城市航站楼的接入预留了集成接口，较好地解决了安全性、实用性和可扩展性的问题。

 讲评：

在这个案例中，我们一上来就抓住四个方面的工作作为重点，这种认识并不完全来自逻辑推理，很大程度上来自于经验积累，或曰：直觉。

另一方面，我们成功的最大因素就是来自默契，来自团队的集体努力。

这就是我讲"管理最终是艺术"的原因！

我不是学管理专业出身的，在学校里我学的是建筑设计、城市规划，是典型的理工科专业。但是，由于建筑设计、城市规划的学科特点，我很早就开始关注管理问题，是清华大学经济管理协会的第一批会员。1992 年，我在日本工作期间比较系统地学习了项目管理的知识，受益匪浅，对我后来从事技术工作、技术管理工作非常有帮助。这其中，我感触最深的就是"技术逻辑"与"管理艺术"的特殊关系。

现代技术的发展都是以现代自然科学的发展，特别是以现代数学的发展为基础的，其最大的特征就是严密的逻辑推理，即在相同前提下，事物发展过程的可重复性，而在这一过程中往往是不考虑情感或社会因素影响的，其追求的目标是所谓的"真理"、"真实"，即"真"。工程技术所用的方法都是现代科学的方法，通常是分解、分析、推理，然后逐个穷尽的手法。而与之相对应的，管理行为更接近于文学、艺术，通常采用的是总结、归纳、协调、平衡的手法，其最高追求是"平稳"、"和谐"，即"美"。与技术工作强调逻辑性不同，管理工作强调协调性。管理着眼于"今天"，着重于协调现状环境中的诸要素，特别是人的行为要素，以达到综合平衡，它面对的系统是开放的、动态的。技术，则与之不同，它总是先把系统封闭起来，然后再研究系统的发展、变化，因此可以说技术关注的是"明天"。

说管理是艺术，是因为管理决策要比技术决策更依赖于直觉，更依赖于经验的积累，更依赖于信息综合，更依赖于合作，同时也更具有不确定性，更取决于人为因素，更受外部因素变化的影响。因此，因时因地制宜、因人因事求解永远是管理的不变法则。

管理是艺术，体现在它不同于技术的面面俱到，真伪、对错分明，它要求我们抓住重点，抓住事物的主流，要分清问题的轻重缓急。管理有别于技术还在于它允许系统中有不和谐因素存在，只要不影响整体的平衡，而这在技术工作的原则中是绝对忌讳的。因此，以我的工作经验，要做好管理工作一定要做到"抓大放小，求同存异"。

12.3　研究方向

最后，本书所讲的概念和案例都只是一些零散的工作体会和实践记忆，对于设计管理的技术管理、过程管理和设计者管理等内容都还没有进行系统和完整的论述，这些内容的理论提炼和深化将是我们下一阶段研究的主要方向。

从我们目前的认识来看，业主角度的设计管理可能涉及"人员管理"、"过程管理"和"技术管理"等几个主要的研究领域，对人员的管理可能涉及本书中提到的"设计管理的参与者"、"设计管理的模式"、"设计单位的选定"、"设计管理的组织结构"、"项目经理制度"、"边界管理法"、"综合激励法"等内容；对过程的管理可能涉及本书中"设计取费的管理"、"设计合同的管理"、"设计审查制度"、"边界管理法"、"系统思维法"、"目标价值法"等内容；对技术的管理可能涉及本书中提到的"风险管理法"、"功能价值法"、"生命成本法"、"标准监控法"、"目标价值法"、"系统思维法"、"科技放大法"等内容。今后，我们将沿着这样的思路去补充和完善这一设计管理的理论体系，努力使之逐步走向系统化和理论化。

　　总结我们对重大基础设施建设中设计管理的认识，大概可以归纳为这样五句话：认识市场是前提，熟悉项目是基础，可研初设是关键，合同条文是依据，管理最终是艺术！

案例索引

图表索引

参考文献

［1］刘武君. 重大基础设施建设项目策划［M］. 上海：上海科学技术出版社，2010.

［2］刘武君，顾承东，赵海波，等. 建设枢纽功能 服务区域经济——天津交通发展战略研究［M］. 上海：上海科学技术出版社，2006.

［3］中国城市规划设计研究院. 上海虹桥综合交通枢纽功能拓展研究［R］. 2006，12.

［4］上海迈祥工程技术咨询有限公司. 深圳市轨道交通3号线项目策划［R］. 2004，5.

［5］中国城市规划设计研究院，上海市城市规划设计研究院. 虹桥综合交通枢纽地区控制性详细规划［R］. 2008，7.

［6］上海市城市综合交通规划研究所. 虹桥综合交通枢纽旅客量预测与评估［R］. 2006，8.

［7］上海市政工程设计研究总院. 虹桥综合交通枢纽快速集散系统工程可行性研究报告［R］. 2006，12.

［8］上海市政工程设计研究总院. 虹桥综合交通枢纽市政道路及配套工程可行性研究报告［R］. 2006，12.

［9］华东建筑设计研究院有限公司. 虹桥综合交通枢纽交通中心工程初步设计［R］. 2007，7.

［10］朱忠隆. 上海磁浮示范线售检票系统经营权转让和售票委托管理［R］. 上海磁浮交通发展有限公司，2003，3.

［11］吴祥明. 浦东国际机场建设——项目管理［M］. 上海：上海科学技术出版社，1999.

［12］吴祥明. 浦东国际机场建设——总体规划［M］. 上海：上海科学技术出版社，1999.

［13］吴念祖. 以运营为导向的浦东国际机场建设管理［M］. 上海：上海科学技术出版社，2008.

［14］吴念祖. 浦东国际机场总体规划［M］. 上海：上海科学技术出版社，2008.

［15］吴念祖. 图解虹桥综合交通枢纽策划、规划、设计、研究［M］. 上海：上海科学技术出版社，2008.

［16］吴念祖. 虹桥综合交通枢纽开发策划研究［M］. 上海：上海科学技术出版社，2009.

［17］吴念祖. 虹桥国际机场总体规划［M］. 上海：上海科学技术出版社，2010.

［18］贾锐军. 机场运营准备和管理［M］. 北京：中国民航出版社，2009.

［19］虹桥国际机场. 虹桥国际机场使用手册［S］. 2010.

［20］刘武君. 虹桥国际机场规划［M］. 上海：上海科学技术出版社，2016.

[21] 刘武君. 综合交通枢纽规划［M］. 上海：上海科学技术出版社，2015.

[22] 吴念祖. 虹桥综合交通枢纽综合防灾研究［M］. 上海：上海科学技术出版社，2010.

[23] 上海虹桥综合交通枢纽工程建设指挥部. 虹桥综合交通枢纽工程建设和管理创新研究与实践［M］. 上海：上海科学技术出版社，2011.